Dr. Michael Lohmann

Feldkräuter & Nutzpflanzen

einfach bestimmen

blv

Begleiter rot ....

Begleiter blau ....

Begleiter gelb ....

Begleiter weiß ....

Begleiter grün ....

Einführung

Pflanzen, genauer gesagt Feldfrüchte, bilden die Grundlage unserer Ernährung, doch von den meisten kennen wir bestenfalls den Namen.
Auch wenn unsereins seinen Proteinbedarf zu 50–60 % aus tierischen Produkten deckt – weltweit sind es nur 20 %! –, so sind Fleisch, Milch und Eier genau genommen doch auch nichts anderes als umgewandelte pflanzliche Substanz. Und die wird, als Tierfutter, heute ebenfalls zum größten Teil auf Äckern produziert. Grund genug, sich dort einmal genauer umzuschauen.

Welche Pflanzen ernähren uns?

Es sind erstaunlich wenige Pflanzenarten, die wir zu unserer Ernährung brauchen (jedes Weidevieh hat da eine größere Auswahl). Neben den 4 Hauptgetreidearten – Weizen, Gerste, Roggen, Hafer – spielen für unser »täglich' Brot« vom Acker nur Kartoffeln und Zuckerrüben eine bedeutendere Rolle. Alles, was sonst noch unseren Tisch aus heimischer Agrarproduktion bereichert, gehört entweder in die Sparte Gemüsebau (den früher eher Gärtner betrieben), zu den Sonderkulturen (wie Spargel, Hopfen, Wein) oder zum Obstbau. Das meiste andere, das großflächig auf unseren Äckern wächst – vom gelben Raps bis zum hohen Mais –, ist Rohstoffproduktion oder Futteranbau zum Zwecke der »Veredlung«, wie man die Umwandlung von Pflanzenbiomasse in Tierbiomasse gern bezeichnet. Weltweit, so schätzt man, nutzen die Menschen weniger als 2 % aller höheren Pflanzen für ihre Ernährung. In absoluten Zahlen: Nur rund 4800 von 250 000 (höheren) Pflanzenarten ernähren 6 Milliarden Menschen.
Lässt man die Tropen und Subtropen mit ihrer größeren Pflanzenvielfalt beiseite, wird die Sache noch erstaunlicher. Von den rund 2500 höheren Pflanzenarten Mitteleuropas ist der Anteil an heimischen Pflanzen, die in größerem Umfang unserer Ernährung dienen, praktisch gleich null.
Das war keineswegs immer so. Aber man muss schon in die frühe Steinzeit zurückgehen, als unsere Ahnen noch vom Jagen und Sammeln lebten, um zu sehen, wie groß die Vielfalt der kulinarisch genutzten heimischen Pflanzenarten einst war. Freilich dürfte in jenen Zeiten wohl vor allem Wildbret den größten Hunger gestillt haben.

Woher kommen unsere Nutzpflanzen?

Ackerbau wurde in Mitteleuropa erst möglich, als wandernde Horden aus Vorderasien das dort heimische und dort auch schon seit langem kultivierte Getreide mitbrachten: Gerste und die verschiedenen Weizenarten vor allem, darüber hinaus Roggen und Hafer. Die »neolithische Revolution«, der Schritt vom Jäger zum Bauern, gelang uns Mitteleuropäern erst rund 5000 Jahre nach den Völkern an Euphrat und Tigris.
Und es blieb nicht bei diesen körnertragenden Gräsern aus der Region des »fruchtbaren Halbmonds«. Auch Kohl und Rüben sowie so manches Obst, die über Jahrhunderte zu den Grundnahrungsmitteln hierzulande gehörten, stammen aus den Gebieten mit alter landwirtschaftlicher Kultur: aus dem Zweistromland (heute Irak), aus dem südöstlichen Mittelmeergebiet und aus der Kaukasusregion.

Viel verdanken wir auch der römischen Besatzung in den ersten Jahrhunderten unserer Zeitrechnung. Die Südländer brachten ihre Erfahrungen und ihren kulinarischen »Geschmack« über die Alpen mit. Sie führten nicht nur den Weinbau ein, sondern lehrten die »Barbaren« auch die höhere Kunst des Anbaus von Getreide, Obst und Gemüse.
Der nächste landwirtschaftliche Schub erfolgte knapp 1000 Jahre später. Die Entdeckung Amerikas wirkte sich nachhaltig auf unser Sortiment an Nutzpflanzen aus. So verdanken wir der hohen landwirtschaftlichen Kultur der mittel- und südamerikanischen Indianer Kartoffeln, Mais und Tomaten. Glück für uns: Das Klima der Anden stimmt mit dem der gemäßigten Zone recht gut überein. Hingegen blieben die Gewürze und sonstigen Kulturpflanzen Indiens, Chinas und anderer fernöstlicher Regionen mangels geeigneter Anbaubedingungen bis auf wenige Ausnahmen Importprodukte.

Feldfrüchte, die nicht (nur) der Ernährung dienen

Die gesamte landwirtschaftliche Nutzfläche nimmt in Deutschland gut die Hälfte der Landesfläche ein. Gut 70 % davon (oder 12 Mio. Hektar) werden als Ackerland genutzt. Die offizielle Statistik (BMEL 2015) unterscheidet bei der agrarischen Flächennutzung leider nicht zwischen Nahrungspflanzen und sonstigen Nutzpflanzen. Immerhin erfahren wir dort, dass auf über der Hälfte der Ackerflächen Getreide (inklusive Mais!), auf 23 % Futterpflanzen, auf 12 % »Handelsgewächse« (Ölsaaten, Hopfen, Tabak usw.), und auf 5 %

Mehr als die Hälfte der Gesamtfläche Deutschlands dient der Erzeugung von Nahrung, Viehfutter und zunehmend auch Energiepflanzen, wie der auf diesem Foto gelb blühende Raps, aus dessen Samen Speiseöl oder Treibstoff gewonnen wird.

Hackfrüchte (Kartoffeln und Rüben) angebaut werden. Flächenmäßig keine Rolle spielen mit 1,4 % die Hülsenfrüchte sowie mit 1,2 % das Gemüse, die damit noch hinter den 2,6 % meist subventionierter Brachflächen liegen.
Mit anderen Worten: Da Mais hierzulande fast ausschließlich als Futter dient und auch vom übrigen Getreide sowie von Hack- und Hülsenfrüchten ein beträchtlicher Teil in Tiermägen und Industrieanlagen endet, darf man ruhigen Gewissens sagen: Was auf unseren Äckern wächst, landet nur noch zum kleinsten Teil »frisch auf dem Tisch«. Das meiste dient als Futter oder Rohstoff.

Die unbestreitbar hohe Nahrungsvielfalt unserer Zeit beruht nicht mehr wie vor 7000 Jahren auf der Nutzung der eigenen Pflanzenvielfalt, sondern zum größeren Teil auf einem weltumspannenden Handel, der uns mit allen nur erdenklichen Leckereien aus den verschiedenen Erdteilen verwöhnt. Kein Grund zum Weinen – solange der Sprit reicht und das Klima mitmacht.

Es geht aber zu Ende mit dem Sprit aus fossilen Tiefen, sagen die Fachleute. Bioenergie ist »in«, und das bedeutet Kraftstoff aus Raps, Mais, Rüben und Getreide. So kletterte der Preis für Raps – früher eine reine Ölfrucht – seit 2005 von etwa 220 € auf annähernd 400 € pro Tonne und auch Pachtland wird immer teurer. Und die industriellen Kapazitäten zur Erzeugung von Biosprit wachsen. Chance und Risiko zugleich. Schon gibt es Schlagzeilen wie »Klimakiller vom Acker«. Dem liegen Untersuchungen des deutschen Nobelpreisträgers Paul Crutzen und der OECD zugrunde, wonach die für Energiepflanzen wie Raps und Mais erforderliche hohe Stickstoffdüngung zu Belastungen der Atmosphäre durch Distickstoffoxid führt, die 1,7-mal höher sind als die Einsparung von CO_2 aus fossilem Treibstoff. Auch aus Gründen des Boden-, Wasser- und Naturschutzes warnen Umweltforscher und -schützer vor den Folgen einer Agrarproduktion auf Hochtouren.

Was wird aus unseren Landschaften?

Der Bauer als Landschaftspfleger und Naturschützer? Er war es bisher nicht und wird es in der »schönen neuen Welt« des Bioenergiehungers noch weniger sein. Ackerlandschaften, die nach allen Regeln fortschrittlichen Ackerbaus genutzt werden, mögen in ihrer kubistischen Ästhetik den im Auto, Zug oder Flugzeug vorübereilenden Betrachter noch erfreuen. Dem wandernd nach Natur und Erholung Suchenden jedoch können solche Landschaften aber nur noch wenig bieten.

Eine noch weiter forcierte Landwirtschaft würde zudem bereits bestehende Umweltprobleme verschärfen: Noch mehr Dünger und Herbizide würden die Böden und Gewässer belasten. Noch mehr löslicher Stickstoff würde in die Luft entweichen. Noch mehr heimische Tier- und Pflanzenarten würden verschwinden. Unsere Landschaften würden immer mehr Fabrikanlagen gleichen. Denn auch die Wälder werden ein Opfer des Energiehungers: Pappeln statt Eichen und Buchen, Monokulturen statt Mischwäldern.

Kornblume & Co.

Kultur ist längst nicht mehr nur Agrikultur. Auch die Natur, die heimischen Pflanzen und Tiere sind Teil unserer Kultur. Darum stellen wir im Folgenden

Anblicke wie dieser sind selten geworden. Der Einsatz von Herbiziden hat Wildkräuter aus den Kulturen weitgehend vertrieben. Viele Bauern ackern auch bis hart an die Feldwege, sodass keine oder nur schmale Feldraine bleiben, auf denen sich die vielfältige Flora bunter Ackerwildkräuter entfalten könnte. Auf dem Foto erkennt man neben Kamille und Wilder Möhre, Klatschmohn und im Hintergrund Wegwarte.

nicht nur die wichtigsten (und einige weniger wichtige) Nutzpflanzen in Wort und Bild vor. Wir wollen dem Leser auch wenigstens einen Teil der (einst) vielfältigen und teilweise bunten Welt der »Ackerunkräuter« ins Bewusstsein rufen. Seit die Agrochemie sie an den Rand der Felder und der Existenz gedrängt hat, sind sie längst keine Unkräuter mehr, sondern bedrohte Arten.

Man muss tatsächlich lange suchen, bevor man heute ein Kornfeld findet, in dem noch Mohn und Kornblume, Kamille und Hohlzahn blühen. Anderes ist nahezu ganz verschwunden: Ackerrittersporn, Frauenspiegel, Kornrade, Saatwucherblume – um nur einige zu nennen.

Die Ackerrandstreifen-Programme des Naturschutzes zur Rettung der Ackerwildkräuter sind offenbar im Laufe der Zeit an den bürokratischen Hürden und am Unwillen der Bauern gescheitert bzw. eingeschlafen. Ein bisschen grotesk waren sie ja ohnehin, denn viele der geliebten bunten Feldblumen sind eingeschleppte Pflanzenarten, südländische Fremdlinge, die mit den Nutzpflanzen kamen. Und im aktuelleren Fall von Indischem Springkraut, Sachalinknöterich, Kanadischer Goldrute usw. denkt man da eher an Ausrottung als an Schutz.

Wie auch immer, Autor und Verlag hoffen, dem Leser dieses Büchleins die Augen zu öffnen für die kleinen Schönheiten, die da und dort immer noch zwischen den großen Feldern zu finden sind. Und sie hoffen, dass die Horrorvorstellung von der total herbizid-gereinigten Produktionslandschaft niemals Wirklichkeit wird.

Weizen

Triticum aestivum

Aussehen: 50–100 cm hoch; Pflanze anfangs bläulichgrün, zur Reife goldgelb; Blüten (Juni/Juli) und Früchte in endständigen, anfangs aufrechten, später hängenden Ähren mit 20–25 Ährchen; jedes Ährchen bildet 2–4 Körner, Deckspelzen ohne Grannen.
Herkunft: Die verschiedenen Weizenarten stammen alle aus dem vorderasiatischen Raum. Die frühesten Funde datieren bis in die Zeit 7000–5000 v. Chr. zurück. Über Rumänien und Ungarn gelangte Nacktweizen (wie seine Spelzkorn-Vorläufer, siehe Dinkel S. 12/13) bereits 4000 v. Chr. nach Mitteleuropa. Noch lange herrschten aber Einkorn, Emmer und Gerste vor. Erst durch die Römer und später durch französischen Einfluss wurde Weizen auch im deutschsprachigen Raum zum Hauptgetreide.
Nutzung: Mit etwa 60 % Kohlenhydraten, 10–16 % Eiweiß (mit einem hohen Anteil an Kleberproteinen, aber fehlenden essenziellen Aminosäuren) sowie 2 % Fett ist Weizen ideal für Backwaren aller Art, wertvoll gleichermaßen als Nahrungs- und Futtermittel. Beim Mahlen werden Schale und Keimling (als Kleie) vom eigentlichen Nährgewebe des Korns entfernt. Das verbessert die Backfähigkeit, verringert aber den Nährwert. Die Typenzahl des Mehls gibt den Aschegehalt des Mehls beim Verbrennen an: je niedriger die Zahl, desto ausgemahlener (ascheärmer) das Mehl. Dunkles Mehl ist ernährungsphysiologisch wertvoller als helles. Aus Weizen werden auch Bier, Öl, Stärke und viele Folgeprodukte gewonnen.
Emmer oder Zweikorn *(T. dicoccon)* gehört mit dem Einkorn oder Spelzweizen *(T. monococcum)* zu den ältesten Kulturgetreidearten. Beide Arten tragen lang begrannte Ährchen. Am Anfang der Kulturweizenreihe stehen das Wildeinkorn *(T. boeoticum)* und der Wilde Emmer *(T. dicoccoides)*, die auf dem Balkan und in Vorderasien beheimatet sind. Früheste Funde der bereits kultivierten Formen reichen bis 6700 v. Chr. im heutigen Iran zurück. Bereits zur Stein- und Bronzezeit wurde Emmer auch von Pfahlbauern in Mitteleuropa gegessen. Emmer ist eiweiß- und mineralstoffreich, eignet sich aber wegen mangelnden Klebers kaum zum Backen. In Europa wird Emmer heute kaum noch angebaut, ausgenommen für Bioläden und für die traditionelle Zweikornsuppe der Toskana.
Der ebenfalls lang begrannte, aus Abessinien stammende Hartweizen *(T. durum)* wird zur Herstellung von Grieß und Nudeln verwendet. Da diese Art viel Wärme braucht, wird sie in großem Maßstab in Südeuropa und den wärmeren Regionen Russlands und Nordamerikas angebaut. (Dinkel und Roggenweizen siehe S. 12/13) Die Ausbeute an Bio-Ethanol aus Saatweizen liegt durchschnittlich bei 2700 Liter/ha.
Anbau: Saatweizen braucht schwere, feuchte, nährstoffreiche Böden sowie ausreichend Sommerwärme. Jedoch vertragen die Jungpflanzen Wintertemperaturen von bis zu –22 °C. Sommerweizen braucht bis zur Reife nur 120–140 Tage. Winterweizen, der um 300 Tage nach der Aussaat im Spätsommer des nächsten Jahres geerntet wird, ist jedoch ertragreicher und bringt bis zu 110 dt(Dezitonnen)/ha. Zu den größten Weizenproduzenten gehören China, Indien, Russland und die USA. Deutschland belegt (2014) Platz 7.

Dinkel, Spelz

Triticum spelta

Aussehen: 100–150 cm hoch; Ähre dünner, länger und lockerer als Saatweizen, mit kurzen, unbegrannten Deckspelzen; 2–3 Körner, fest von Spelzen umschlossene Ährchen (Foto); reife Ähren überhängend.
Herkunft: Diese Kreuzung aus Emmer *(T. dicoccon)* und Gänsefußgras *(T. tauschii)* stammt aus dem südlichen Kaukasus und Zweistromland. Die ältesten Nachweise reichen bis ins 6. Jahrtausend v. Chr. Erste Reinkulturen gab es wohl um 4500 v. Chr. im Gebiet der heutigen Unkraine und Rumäniens. Da Dinkel keine Hitze verträgt, breitete sich die Kultur vor allem über den Balkan nach Mitteleuropa aus. Bereits um 3000 v. Chr. war das Getreide in Südwestdeutschland bekannt. Reinkulturen gab es hier aber wohl erst seit der Römerzeit. Vom Mittelalter bis zum Beginn des 20. Jh. lagen Anbauschwerpunkte in Südwestdeutschland und der Schweiz. Nach starkem Rückgang wird Dinkel heute wieder vermehrt für Ökoprodukte angebaut.
Nutzung: Dinkel ist ein ernährungsphysiologisch sehr wertvolles Getreide. Vor allem sein Gehalt an essenziellen Aminosäuren ist höher als bei anderen Getreidearten. Die Dinkelkörner sind fest mit den Hüllspelzen verwachsen. Zur Reife zerfällt die Ähre, was Probleme beim Ernten des reifen Getreides bereitet. Darum wird vielfach nicht ausgereiftes »Grünkorn« geerntet, das anschließend durch Hitze getrocknet werden muss. Da das Mehl dadurch seine Backfähigkeit verliert, wird Grünkern für Graupen, Grieß und Flocken verwendet. Das reife Korn muss geschält werden, um es vom Spelz zu trennen. Dinkelmehl hat ähnliche Eigenschaften wie Weizenmehl, ist aber deutlich gesünder.
Anbau: Geringe Ansprüche an Klima und Boden. Deshalb bis Anfang des 20. Jh. gern im Bergland angebaut. Ortsnamen wie Dinkelsbühl und Dinkelscherben weisen auf die Bedeutung dieses Getreides für die Ernährung in früheren Jahrhunderten hin.

Triticale, Roggenweizen

Triticum secale

Aussehen: Kreuzung zwischen Roggen (Vaterpflanze) und Weizen (Mutterpflanze); ähnelt dem Roggen, die begrannten Ähren sind aber 4-zeilig.
Herkunft: Die guten Eigenschaften des Weizens in Leistung und Qualität mit der Anspruchslosigkeit und Krankheitsresistenz des Roggens zu kombinieren, war das Ziel dieser Züchtung. Hochleistungssorten bringen bei 200 kg/ha Stickstoff Erträge von 60 dt/ha. Durch kurze Halme sind sie außerdem wenig windwurfgefährdet.
Nutzung: Einem hohen Lysingehalt steht eine ungenügende Backfähigkeit des Mehls gegenüber. Zum Backen mischt man daher Weizenmehl bei oder arbeitet mit Sauerteig. Heute wird Triticale zunehmend als Viehfutter und zur Energiegewinnung angebaut. Die Ausbeute an Ethanol liegt bei 2200 Liter/ha.
Anbau: Trotz der dem Roggen ähnlichen Vorteile haben sich größere Anbauflächen nur in Nordamerika und Russland entwickelt. Angebaut werden Winter- und Sommerformen.

Roggen

Secale cereale

Aussehen: 150–200 cm hoch; Ähre 2-zeilig, mit maximal 50 Ährchen, diese mit mittellangen Grannen, die die Ährenspitze nur wenig überragen; reife Ähre überhängend.

Herkunft: Vermutlich war Roggen in der Antike lange Zeit nur Beifrucht des Weizens. In der Schwarzmeerregion (Kaukasus, Nordanatolien) dienten Wildroggenarten aber wohl schon 5000–6000 Jahre v. Chr. als Nahrung. Die Domestikation begann um 3500 v. Chr. in der Türkei und in Polen. Nach Mitteleuropa gelangte er zunächst ebenfalls als Unkraut in Weizen und Gerste. Feuchteres, kühleres Klima förderte den Roggen auf Kosten des Weizens. Ab 100 v. Chr. kultivierten die Germanen und Slawen den anspruchloseren Roggen und sorgten für seine Ausbreitung nach Westen. Doch erst mit Aufkommen des Winterfeldbaus (1000 n. Chr.) wurde Roggen zu einer Hauptgetreideart. In vielen Gebieten Mitteleuropas entwickelte sich Roggen ab dem 12. Jh. zur Hauptbrotfrucht.

Nutzung: Die Körner enthalten um 60 % Stärke, 10 % Eiweiß und 2 % Fett. Roggen wird in Deutschland vor allem als Viehfutter und Brotgetreide genutzt. Ernährungsphysiologisch wertvoll sind der gegenüber anderen Getreidearten höhere Anteil an essenziellen Aminosäuren (z. B. Lysin) und der hohe Aschegehalt im Mehl. Die Verkleisterungsfähigkeit der Stärke (entsprechend dem Kleber beim Weizen), wichtige Voraussetzung für die Backfähigkeit, kann durch Keimungsprozesse nach der Ernte beeinträchtig werden. Da sich die Stärkeverkleisterung nur im sauren Milieu voll entwickelt, wird Roggenbackteig nur als Sauerteig angesetzt. Backwaren aus Roggen zeichnen sich gegenüber Weizengebäck durch dunklere, festere und aromatischere Beschaffenheit aus; die luftige Lockerheit des Weizens fehlt ihnen. Darum werden meistens Mischteige verwendet. Reines Roggenbrot ist der Pumpernickel. Neuerdings spielt Roggen auch als nachwachsender Rohstoff, z. B. in der Erzeugung von Biogas und Bio-Ethanol, eine Rolle. Für Biogas wird gewöhnlich die ganze Pflanze, für Ethanol nur das Korn verwendet. Roggen dient auch zur Alkoholherstellung, etwa für höherwertige Wodkasorten oder den norddeutschen »Korn«. Winterroggen wird in der Landwirtschaft zudem als Gründüngung eingesetzt. Trotz seiner guten Eigenschaften bei Anbau und Ernährungsphysiologie liegt der Roggenanbau weltweit unter den Getreidearten an letzter Stelle (1 %). In Deutschland wurden 2015 auf 616 000 ha 3,5 Mio. Tonnen geerntet. Damit liegt Roggen nach Weizen (3 283 000 ha) und Gerste (1 622 000 ha) auf Platz drei. Deutschland ist weltweit der bedeutendste Roggenproduzent.

Anbau: Roggen ist das Getreide klimatisch benachteiligter Standorte mit armen und trockenen Böden. Die Jungpflanzen ertragen Wintertemperaturen bis zu –25 °C. Gewöhnlich wird Winterroggen kultiviert. In einem Dauerversuch der Universität Halle wird auf einem Feld seit 120 Jahren ununterbrochen Roggen angebaut – ohne Düngung! Es liefert seit Jahrzehnten etwa 1,5 t/ha, was etwa einem Drittel dessen entspricht, was ein Vergleichsfeld mit Düngung abwirft. Bei Intensivwirtschaft unter besten Standortbedingungen können heute 7–8 t/ha erzielt werden.

Gerste

Hordeum vulgare

Aussehen: 70–120 cm hoch, neuere Zuchten bieten kürzere Halme, was die Gefahr von Windwurf verringert. Überhängende Doppelähren, bei denen die lang begrannten Ährchen alternierend auf beiden Seiten der Ährenachse stehen; die Spelzen sind fest mit dem Korn verwachsen (Foto; Ausnahme Nacktgersten). Es gibt 2-, 4- und 6-zeilige Gersten; die 2-zeiligen bilden 25–30 größere Körner je Ähre; die mehrzeiligen Formen bilden mehr, aber kleinere Körner aus.
Herkunft: Der Vordere Orient und die östliche Balkanregion sind die Heimat der Gerste. Die ältesten Funde 2-zeiliger Wildgerste stammen vom griechischen Peloponnes aus der Zeit 10 000 bis 6000 v. Chr.; Wildgerste wurde auch im heutigen Irak schon sehr früh angebaut, sodass Gerste zu den am längsten kultivierten heute noch genutzten Getreidearten gehört. In Mitteleuropa wurde sie bereits in der frühen Jungsteinzeit genutzt.
Nutzung: Spelzenlose Gerstenkörner enthalten 60–70 % Kohlenhydrate, 11–15 % Eiweiß, 10 % Ballaststoffe und 2 % Fett. Für die menschliche Ernährung spielt Gerste nur als Graupen, Grieß, Malzkaffee und Alkohol eine Rolle. Weil Gerste kein Klebereiweiß enthält, lassen sich aus ihrem Mehl nur flache, schwere Backwaren herstellen. Als Beigabe zu Mehrkornbroten ist Gestenmehl aber durchaus geeignet. Zur Bierherstellung verwendet man gewöhnlich Sommergersten, die als Sorten und durch geringere Stickstoffdüngung einen niedrigeren Eiweiß- und höheren Stärkegehalt aufweisen. Die Körner werden 5–7 Tage bei 15 °C angekeimt, danach schonend gedörrt und von Spelz und Keimwurzeln befreit. Das so gewonnene Malz ist lagerfähig und wird für die weitere Verwendung geschrotet oder gemahlen. Mit warmem Wasser wird das Malz zu Maische versetzt, was die Enzyme des Korns anregt, die Stärke in Malzzucker umzuwandeln. Die Würze wird dann mit Hopfen verkocht und zuletzt mit Hefe zu Bier vergoren. Auf ähnliche Weise, jedoch ohne Hopfen und Hefe, gewinnt man Whiskey aus Gerstenmalz. Gerstenmalz wird darüber hinaus zu Bonbons und anderen Süßigkeiten verarbeitet.
Ihre heutige Beliebtheit – Gerste steht nach Weizen an 2. Stelle im deutschen Getreideanbau – hängt weniger mit der Herstellung von »Gerstensaft« (Bier) zusammen als mit der Tatsache, dass Gerste bei geringeren Ansprüchen als Weizen ein ertragreiches Tierfutter darstellt. Wegen ihres hohen Proteingehalts eignet sie sich als Mastfutter für Geflügel und Schweine.
Anbau: Gerste stellt geringe klimatische Ansprüche und kann daher auch in Hochlagen angebaut werden, bevorzugt aber tiefgründige, feuchte Lehmböden. Die Winterfestigkeit der Jungpflanzen ist geringer als die von Roggen und Weizen. Ende September ausgesäte Wintergerste ist ertragreicher als Sommergerste, braucht aber auch mehr Wärme. Sommergerste benötigt von Aussaat bis Ernte durchschnittlich weniger als 100 Tage. Mit der Verwendung als Tierfutter nahm der Gerstenanbau im 20. Jh. zu. Die weltweit größten Gerstenproduzenten waren 2014 Russland, Frankreich, Deutschland (11,62 Mio. Tonnen) und Australien. Weltweit wurden 2014 rund 144 Mio. Tonnen Gerste geerntet.

Hafer, Saathafer

Avena sativa

Aussehen: 60–150 cm hoch; 3 selbstbestäubende Blüten pro Ährchen, von denen gewöhnlich nur 2 fruchten; die aus 2 Körnern bestehenden Ährchen hängen in lockeren Rispen an dünnen Stielen; sie sind von Spelzen mit kurzen bis kaum erkennbaren Grannen fest umschlossenen (Foto), aber nur bei einigen Sorten mit ihnen verwachsen, auch die beiden Deckspelzen sind unbegrannt. In Eurasien werden 15 Haferarten kultiviert.
Herkunft: Älteste Nachweise um 5000 v. Chr. aus Gebieten nördlich des Schwarzen Meeres und aus Polen. Lange Zeit war Hafer, ähnlich wie Roggen, wohl nur Unkraut in anderem Getreide, da die ältesten Funde Hafer nur als Beimengung aufweisen. In Mitteleuropa stammen die frühesten Belege von 2400 v. Chr. aus der Westschweiz. Erst zur Römerzeit wurde Hafer nördlich der Alpen in größerem Umfang kultiviert, d. h. in Reinkultur angebaut, bis zum Mittelalter jedoch nur nördlich des Mains. Wegen seiner Anspruchslosigkeit war Hafer besonders in Mittelgebirgslagen ein geschätztes Getreide. Mit dem Beginn des Kartoffelanbaus im 18. Jh. ging die Bedeutung des Haferanbaus jedoch stark zurück. Nach dem Zweiten Weltkrieg lag Hafer in Deutschland nach Weizen und Gerste an 3. Stelle, steht jetzt aber auf dem letzten Platz.
Nutzung: Ernährungsphysiologisch ist Hafer besonders wertvoll: 60 % Kohlenhydrate, 13 % Eiweiß mit hohem Anteil an essenziellen Aminosäuren, 7 % Fette sowie zahlreiche Mineralien und Vitamine. Da Haferkörner nur entspelzt, nicht aber geschält werden müssen, bleiben die Vitamine der äußeren Kornschicht erhalten. Für die menschliche Ernährung spielen vor allem Haferflocken eine wichtige Rolle; vor dem Quetschen werden die Körner dazu mit Dampf behandelt. Da dem Hafer Klebereiweiße fehlen, eignet sich Hafermehl nicht zum Backen. Gleichwohl galt in Schottland Hafer lange Zeit als Grundnahrungsmittel (»porridge«). Im Mittelalter war Haferbier beliebt. Auch in der Naturheilkunde spielt er eine nicht unbedeutende Rolle. Ganze Körner mit Spelzen werden an Pferde, Geflügel und Rinder verfüttert, teilweise auch als Hafermehl. Haferkörner sind jahrelang lagerfähig.
Anbau: Geeignet für gemäßigt-feuchtes Klima mit hohen Niederschlägen; die Bodenansprüche sind gering. Hafer wird nur als Sommerfrucht angebaut (Aussaat im Frühjahr). Geerntet wird kurz vor der Vollreife. Auf sehr armen Böden und in Hochlagen wird der noch anspruchslosere Sandhafer *(A. strigosa)* angebaut. Der als Getreideunkraut weit verbreitete Flughafer *(A. fatua)* kreuzt sich leicht mit dem Saathafer; wer von wem abstammt, ist ungeklärt.
Haferanbau wird in Deutschland besonders an den Küsten, in den Mittelgebirgen und im Alpenvorland betrieben. Zwar ist der Anbau nicht so lukrativ wie der anderer Getreidearten, in der Fruchtfolge gilt er aber als Gesundungsfrucht, da Getreideschädlinge im Hafer nicht gedeihen. An der weltweiten Haferproduktion von rund 23 Mio. Tonnen (2014) war Deutschland mit lediglich 627 000 Tonnen beteiligt und lag damit an 10. Stelle, Marktführer sind Russland, Kanada und Polen.

Mais

Zea mays

Aussehen: 150–250 cm hohes Gras; 2-zeilig stehende breite Blätter; männliche Blüten in endständiger Rispe, weibliche in achselständigen, von Blättern umhüllten Kolben; die 25–50 Körner eines Kolbens sind in 8–18 Längsreihen angeordnet und erreichen die Vollreife erst im Spätherbst.
Herkunft: Bereits 5000 v. Chr. wurde Mais in der Region zwischen Mexiko und Peru kultiviert. Eine Wildform ist nicht bekannt. Ab 1525 baute man Mais auch in Südspanien an, wenig später auch in warmen Regionen Mitteleuropas. An kühleres Klima angepasstere Zuchtformen kamen ab dem 19. Jh. auf den Markt; großflächiger Maisanbau findet in Mitteleuropa erst seit 1970 statt.
Nutzung: Maiskörner enthalten 65 % Stärke und 9 % Eiweiß, 2 % Fette sowie Ballast- und Mineralstoffe und die Vitamine B und H (Biotin), jedoch nur geringe Mengen an essenziellen Aminosäuren. Als Kartoffelersatz wurde und wird Mais in vielfältiger Weise in der menschlichen Ernährung verwendet (Gemüse, Grütze, Fladen, Pudding, Brot, Cornflakes, Popcorn, Sirup, Öl etc.). Heute wird Mais in Europa vor allem als Viehfutter genutzt. Dafür wird die ganze Pflanze vor der Vollreife gehäckselt und siliert (Milchsäuregärung unter Luftabschluss). Die reifen Körner (aus wärmeren Regionen) werden grob geschrotet an Geflügel verfüttert oder Kraftfuttermischungen zugesetzt. Aus Körnermais von 1 ha Anbaufläche lassen sich 3500 Liter Ethanol gewinnen.
Anbau: Benötigt zur Keimung mindestens 8 °C und zu gutem Wachstum mittlere Niederschläge (500–700 mm/a). Hoher Nährstoffbedarf (Mineraldüngung) und Empfindlichkeit gegen Wildkrautkonkurrenz (Herbizideinsatz) machen den Mais zu einer ökologisch problematischen Nutzpflanze. Die Weltproduktion an Körnermais lag 2014 bei 1022 Mio. Tonnen.

Buchweizen

Fagopyrum esculentum

Aussehen: 15–60 cm hohes einjähriges Kraut (Knöterichgewächs); Blätter herzförmig, Stängel später oft rot; Blüten weiß bis rosa in knäueligen Blütenständen; Früchte kleine 3-kantige, dunkelbraune Nüsschen.
Herkunft: Heimat Mittelasien, von wo er im 14. Jh. nach Europa gelangte.
Nutzung: Mit 70 % Kohlenhydraten und 10 % wertvollen Eiweißen ist Buchweizen eine ernährungsphysiologisch wertvolle Nutzpflanze. Die Samen werden geschält und gemahlen zu Mehl, Flocken und Grieß verarbeitet. Das Mehl wird meist für Fladen, selten (als Mischmehl) für Brot verwendet. Buchweizen wird auch zur Gründüngung und als Viehfutter angebaut. Da die phototoxische Substanz Fagopyrin zu Hautentzündungen führen kann, dürfen nicht zu große Mengen verfüttert werden.
Anbau: Eine kälteempfindliche Pflanze, die bei uns nur selten verwildert. Geringe Bodenansprüche, daher auch auf Sand- und Moorböden. Wegen seiner kurzen Wachstumsphase wird Buchweizen gern nach der Getreideernte angebaut. Bis zu Beginn des 20. Jh. als Getreideersatz weit verbreitet, wird er heute vor allem für Biokost kultiviert.

Ackerbohne, Puffbohne, Dicke Bohne, Pferde- oder Saubohne

Vicia faba

Aussehen: 50–120 cm hohes einjähriges Kraut; Stängel 4-kantig; Blätter grob paarig gefiedert, blaugrün; Blüten weiß mit schwarzem Fleck oder violetten Streifen; Hülsenfrucht stehend mit 2–6 braunen Samen.
Herkunft: Wildform unbekannt; frühester Anbau bereits um 5000 v. Chr. im persischen Raum; nördlich der Alpen seit etwa 1000 v. Chr.
Nutzung: 2 Unterarten in zahlreichen Sorten: eine mit kleinen Samen, die man gewöhnlich vollreif erntet, die andere mit größeren Samen, die grün als Gemüse gegessen werden. Die weitaus größere Bedeutung haben die kleinsamigen Ackerbohnen mit 25–30 % Eiweißen (Proteinen) und bis 60 % Stärke (Kohlenhydraten). Die reifen Samen schätzte man früher als lagerfähiges Nahrungsmittel, das man vermahlen für Suppen und Breis verwendete. Seit etwa 1920 werden Ackerbohnen bei uns nur noch als Viehfutter angebaut. Die thüringische Landeshauptstadt hat die »Erfurter Puffbohne« zu ihrem Maskottchen erkoren.
Anbau: In der Regel feldmäßige Frühjahrsaussaat. Gemäßigtes, kühlfeuchtes Klima ist der Entwicklung förderlich. Ernte, wenn die Hülsen braun oder schwarz sind.

Gartenbohne, Fisole, Busch- oder Stangenbohne

Phaseolus vulgaris

Aussehen: Wird als Buschbohne (50–70 cm) oder seltener als Stangenbohne (2–4 m) gezogen. Blätter 3-zählig gefiedert; Schmetterlingsblüten rot oder weiß; Hülsen 20–30 cm lang, hängend, Samen weißgrau, rot geflammt, violett mit schwarzen Flecken. Weitere Sorten (Tepary-, Matten-, Mond-, Urdbohne u. a.) mit anders gefärbten Bohnen.
Herkunft: Mittel- und Südamerika, dort bereits um 5000 v. Chr. von Indianern im Bergland angebaut. Seit der Entdeckung Amerikas in warmgemäßigten Gebieten auf der ganzen Welt verbreitet.
Nutzung: *Phaseolus*-Bohnen kommen entweder als grüne (unreife) Bohnen mit der Hülse auf den Tisch oder als mehr oder weniger ausgereifte Samen (z. B. Braune, Weiße, Rote sowie Kidney- und Lima-Bohnen), die vor allem gekocht in Büchsen oder getrocknet vermarktet werden. Die meisten Speisebohnen gehören zu dieser Gattung. Sie enthalten rund 20 % Eiweiß, 50–60 % Kohlenhydrate und 2 % Fette sowie Kalzium, Eisen und Phosphor; die grünen Hülsen sind reich an Vitamin C.
Anbau: Ackerbaulich wird vor allem die Buschbohne genutzt, da Stangenbohnen zwar höhere Flächenerträge bringen, aber arbeitsaufwendiger sind. *Phaseolus*-Bohnen sind besonders für warm-trockene Gebiete geeignet, werden in Europa aber auch bis Skandinavien feldmäßig angebaut.
Allgemeines: Neben den Gattungen *Vicia* und *Phaseolus* dienen weitere Hülsenfrüchtler als Nahrungs- und Futtermittel: Erbse *(Pisum)*, Linse *(Lens)*, Sojabohne *(Glycine)*, Lupine *(Lupinus*, siehe S. 36/37) und andere. Bohnen enthalten in Hülsen und Samen das giftige Phasin und dürfen daher nur gekocht verzehrt werden.

Kartoffel

Solanum tuberosum

Aussehen: Eine mehrjährige, buschige »Staude«, die 30–50 cm hoch wird. Die Blätter sind (wie bei der Tomate) unterbrochen unpaarig gefiedert, d. h. zwischen größeren Fiederpaaren stehen kleinere, und am Ende des Fiederblattes treibt nur 1 großes Fiederblättchen; alle Fiederblättchen sind spitz-oval und ganzrandig. Die Blätter wachsen wechselständig am Stängel. Die 5-teiligen weißen oder violetten Blüten stehen in endständigen Trauben zusammen, die Kronblätter sind wie ein Schirm miteinander verwachsen; die Staubgefäße stehen dicht um den Stempel und bilden eine gelbe, abstehende Säule; Blütezeit ist Juni bis August. Die Blüten entwickeln sich zu großen grünen Beeren.
Herkunft: Die Anden Südamerikas sind die Heimat der Kartoffel. Dort findet man rund 90 der insgesamt nahezu 200 amerikanischen Wildkartoffel-Arten. Die ältesten Hinweise auf eine Nutzung der Kartoffel für die menschliche Ernährung liegen einige Jahrhunderte vor der Zeitenwende und stammen vom Titicacasee. Die Inkas begannen spätestens 400 n. Chr. mit systematischem Anbau und Zucht der Knollengewächse. Heute gibt es dort rund 400 Kultursorten, die wahrscheinlich zum größten Teil von der Wildkartoffel *S. vernei* abstammen. Nach der Eroberung des Inkareichs gelangten Mitte des 16. Jh. die ersten Kartoffeln nach Spanien. Zunächst baute man sie nur gärtnerisch an. 1565 brachte ein englischer Sklavenhändler Kartoffeln von Venezuela nach England. Diese spanischen und englischen Kartoffeln wurden zu den Stammformen vieler europäischer Kultursorten. Als Feldfrucht setzte sich die Kartoffel nur langsam durch. Erst im 18. Jh. avancierte sie zum Grundnahrungsmittel in Deutschland. Dies erforderte erhebliche Umstellungen in den Essgewohnheiten und in der traditionellen Dreifelderwirtschaft. Zum Volksnahrungsmittel wurde der »Erdapfel« dann im 19. Jh.
Nutzung: Die Knolle besteht zu 75–80 % aus Wasser, zu 12–17 % aus Stärke und einem Eiweiß mit hochwertiger Aminosäurezusammensetzung. Vitamin C und Vitamine der B-Gruppe sind ausreichend vorhanden. Die Verwendung als Nahrungsmittel war lange die wichtigste Nutzungsart. In neuerer Zeit ist die Bedeutung für die menschliche Ernährung etwas zurückgegangen, während die technische Nutzung (Herstellung von Stärke und Alkohol) zugenommen hat. Als Futter für Schweine und Geflügel spielen (gekochte) Kartoffeln ebenfalls eine gewisse Rolle. Auch zur Produktion von Bio-Ethanol werden Kartoffeln zunehmend eingesetzt; mit 3500 Liter/ha ist die Ausbeute pro Fläche deutlich höher als bei den meisten Getreidearten, jedoch weit geringer als bei Zuckerrüben. Allerdings müssen über 12 kg Biomasse zur Erzeugung von 1 Liter Ethanol eingesetzt werden.
Anbau: Entsprechend ihrer bergigen Herkunft gedeihen Kartoffeln am besten im gemäßigten Klima. Zur Vermehrung dienen nicht die Früchte, sondern die ursprünglichen Überwinterungsorgane, d. h. die Knollen. Die Bestellung im Frühjahr ist erst ab einer Temperatur von 8 °C möglich. Die Knollenbildung setzt gewöhnlich mit der Blütenbildung ein; ihr Dickenwachstum erstreckt sich bis in den späteren Herbst.

Gemüsekohl

Brassica oleracea

Foto oben: Weißkohl
Foto unten links: Grünkohl

Aussehen: Die Kohl-Arten sind allesamt Abkömmlinge des an mediterranen und atlantischen Felsküsten (bis Helgoland) vorkommenden Gemüse- oder Klippenkohls *(B. oleracea).* Wie viele Kreuzblütler (Brassicaceae) ist der Gemüsekohl durch 4-teilige (gelbe) Blüten, Schotenfrüchte und durch einen hohen Senfölgehalt aller Pflanzenteile gekennzeichnet. Der ein- bis mehrjährige Wildkohl wird 50–150 cm hoch und trägt unten gestielte, oben stängelumfassende Blätter. Bei den Kulturformen des Gemüsekohls unterscheidet man verschiedene Varietäten: Zu den Kopfkohl-Arten *(capitata)* gehören Wirsing, Weißkohl, Spitzkohl und Rotkohl, zu den »kopflosen« Formen *(acephala)* Grünkohl und Markstammkohl; Kohlrabi wird der Varietät *caulorapa* zugerechnet, Blumenkohl und Brokkoli gehören zu den *botrytis*-Formen und Rosenkohl zur Varietät *oleracea*.
Herkunft: Wilder Gemüsekohl wurde bereits 400 v. Chr. in Südeuropa als Gemüse genutzt. Nicht bei allen Kohl-Arten lässt sich die Entwicklung lückenlos bis zum Wildkohl zurückverfolgen. Während Grünkohl und Markstammkohl bis in die Antike nachzuweisen sind, sind andere eindeutig oder vermutlich jüngeren Datums. Zu den neueren Entwicklungen zählen Kohlrabi, Blumenkohl, Brokkoli und Rosenkohl. Blumenkohl und Brokkoli stammen vermutlich von *B. cretica* ab.
Nutzung: Die verschiedenen Kohl-Arten werden fast ausschließlich für die menschliche Ernährung verwendet. Weißkohl verarbeitet man mit Salz zu Sauerkraut, wodurch der Kohl lang haltbar wird. Bei der Kohlrabiknolle handelt es sich wie beim Markstammkohl um eine Verdickung des unteren Sprosses (Hypokotyl). Bei Blumenkohl und Brokkoli werden die gestauchten und unfruchtbaren Blütenstände gegessen. Rosenkohl bildet dichte Blattknospen, aus denen im 2. Jahr die Blütenstände treiben.
Anbau: Alle Kohl-Arten gehören zu den Starkzehrern und benötigen eine entsprechende Nährstoffzufuhr und Böden mit guter Wasserversorgung. In der Regel werden die Jungpflanzen im Gewächshaus vorgezogen und ab Mai ausgepflanzt.

Kohlrübe, Steckrübe

Brassica napus rapifera

Foto unten rechts

Aussehen: Ein Kreuzblütengewächs mit gelben Blüten, Schotenfrüchten und der Tendenz zur Hypokotylverdickung. Im Gegensatz zu der fast ganz im Boden sitzenden Zuckerrübe (siehe S. 28/29) ragen Futterrübe (siehe S. 32/33) und Kohlrübe weit aus dem Boden heraus.
Herkunft: *Brassica napus* ist vermutlich aus einer Kreuzung *B. oleracea* × *B. rapa* hervorgegangen. Ein weiterer wichtiger Kulturpflanzenabkömmling von *B. napus* ist der Raps (siehe S. 40/41). Die nah verwandten Rübsen stammen vom Rübenkohl *(B. rapa)* ab. Ein anderer Abkömmling des Rübenkohls ist der als Blattgemüse verwendete Chinakohl.
Nutzung: Kohlrübe und Rübsen (auch Stoppelrübe, Weiße Rübe, Herbstrübe genannt) spielten früher als Viehfutter und Armeleutenahrung eine Rolle. Heute werden sie kaum noch angebaut.

Zuckerrübe, Betarübe (Rote Rübe)

Fotos: Zuckerrübe

Beta vulgaris var. *altissima*

Aussehen: Die Wildform von Zucker-, Futter-, Roter Rübe und Mangold ist die Wilde Runkelrübe *(B. v. maritima).* Sie hat das typische Aussehen der Gänsefußgewächse (Chenopodiaceae, vgl. S. 60/61): Die kleinen grünen Blüten stehen zu 2–3 in den Achseln sich nach oben verkleinernder Tragblätter und bilden zusammen einen unscheinbaren, ährigen Blütenstand. Die spateligen Blätter sind gestielt, kahl-glänzend und formen eine grundständige Rosette. Die Wurzel ist leicht verdickt und essbar. Die daraus entwickelten Nutzpflanzen werden jedoch in der Regel vor der Blüte geerntet (Mangold und Rote Rübe) oder blühen erst im 2. Jahr (Zucker- und Futterrübe). Typisch sind hier allein Form und Beschaffenheit der Blätter sowie die Tendenz zur Wurzelverdickung. Im Gegensatz zur Futter- oder Runkelrübe (siehe S. 32/33) wächst die Zuckerrübe hauptsächlich unterirdisch und ist von weißlicher Farbe.
Herkunft: Die wilde Runkel- oder Betarübe ist an den Küsten des Mittelmeers und heimisch, kommt aber (verschleppt?) auch auf Helgoland und an der Ostsee vor. Älteste Funde belegen, dass in Holland bereits um 2000 v. Chr. die Wurzeln der Wildpflanze als Nahrung genutzt wurden. Als Kulturpflanze wurde sie aber erst später angebaut, zunächst in Südeuropa und Kleinasien, dann (ab dem Mittelalter) auch in Europa.
Nutzung: Die ältesten Nutzformen der Betarübe sind wohl die Rote Rübe und der als Blattgemüse verwendete Mangold, die bereits mit den Römern nach Mitteleuropa kamen. Die Rote Rübe enthält 8–9 % Kohlenhydrate (zumeist als Zucker) sowie Mineralstoffe und Vitamine und wird gekocht verzehrt; ihr Saft wird auch zum Färben verwendet.
Erst Mitte des 18. Jh. entdeckte der Apotheker S. Markgraf, dass der Zucker der Rübe identisch ist mit dem (teuer importierten) Rohrzucker der Tropen. Durch Zucht gelang es, den Zuckergehalt der Runkelrübe auf bis zu 20 % zu steigern. Heute wird praktisch der gesamte Zuckerbedarf der gemäßigten Zone aus Zuckerrüben gewonnen. Die Rüben werden dazu zerkleinert, mit Wasser versetzt und erhitzt. Der so gewonnene Rohsaft wird gereinigt (Dünnsaft) und zu Dicksaft eingedampft, aus dem brauner Rohzucker abzentrifugiert und schließlich zu weißem Zucker »raffiniert« werden kann. Rübenschnitzel u. a. Rückstände (Melasse) kommen als Futtermittel zum Einsatz – ebenso wie die bereits auf dem Feld geernteten Blätter. Rohzucker dient der Industrie auch zur Herstellung von Kunststoffen, Waschmitteln, Klebstoffen, Lacken, Pharmaka und Kosmetika. Mit 6620 Liter Bio-Ethanol, die von 1 ha gewonnen werden können, liegt die Zuckerrübe weit vor allen anderen der Energiegewinnung dienenden Feldfrüchte unseres Klimas (vgl. Getreide und Kartoffel). Allerdings ist dafür eine größere Biomasse als bei Getreide (2,2–2,6 kg/Liter) erforderlich, nämlich 9,3 kg/Liter.
Anbau: Betarüben brauchen tiefgründige, nährstoffreiche Böden mit guter Wasserversorgung und viel Sonne während der Vegetationszeit. Im Frühjahr wird gesät, im Oktober geerntet. Dabei werden zunächst die Blätter entfernt, dann die Rüben gerodet.

Rettich

Raphanus sativus var. *niger*

Aussehen: Das ein- bis zweijährige Kraut wird bis 150 cm hoch und bildet eine Rosette gelappter Blätter, aus der im 2. Jahr verzweigte Blütenstängel hervorgehen; Blüten in lockeren Trauben, die 4 Kronblätter sind violett oder weiß und dunkel geadert; die Frucht ist eine kegelförmige Gliederschote.
Herkunft: Die Kulturform ging vermutlich aus den mediterranen Arten *R. maritimus* und *R. rostratus* hervor. Älteste Kulturen wohl in Ägypten und China. In der griechisch-römischen Antike wurde Rettich reichlich verwendet, und er dürfte mit den Römern nach Mitteleuropa gelangt sein.
Nutzung: Der rohe Rettich wird gesalzen zu Brot und Bier oder als Salat (-beigabe) gegessen. (Vgl. auch Ölrettich, S. 32/33)
Anbau: Nährstoffreiche, tiefgründige Böden mit guter Wasserversorgung braucht der Rettich. Er wird einjährig kultiviert und zwischen April und August im Gewächshaus oder Freiland ausgesät. Man unterscheidet u. a. weißen oder roten Sommerrettich und schwarzen Herbstrettich.

Möhre, Karotte

Daucus carota sativus

Aussehen: Zweijähriges Kraut, das bis 100 cm hoch wird; die 2–3-fach gefiederten Blätter bilden im 1. Jahr eine Grundrosette, aus der im 2. Jahr die weißen Blüten in dichten Doppeldolden hervorgehen. Die Wilde Möhre ist Bestandteil unserer heimischen Flora (siehe S. 58/59).
Herkunft: Vermutlich ging die Karotte aus Kreuzungen der Wilden Möhre mit der mediterranen Riesenmöhre *(D. maximus)* hervor; die Kultur begann wohl erst im 10. Jh.
Nutzung: Die Wurzel enthält 5 % Kohlenhydrate und viele Vitamine, darunter das sehkraftstärkende Carotin. Als Rohkost, Gemüse und zu Saft verarbeitet, ein beliebter Bestandteil unserer Ernährung.
Anbau: Kulturmöhren werden von Februar bis Juli auf nährstoffreichen, aber möglichst leichten Böden ausgesät.

Spargel

Asparagus officinalis

Aussehen: Bis 150 cm hohe, mehrjährige Staude; reich verzweigte grüne Stängel mit winzigen Schuppenblättern und nadelförmigen Scheinblättern, in deren Achseln die grünlich gelben Blütenglöckchen stehen, aus denen rote Beerenfrüchte hervorgehen.
Herkunft: Wildformen in Kleinasien. Anfänge der Kultur vermutlich im antiken Griechenland. Im 16. Jh. kam Gemüsespargel nach Mitteleuropa.
Nutzung: Bei geringem Nährwert wird Spargel wegen seines feinen Aromas als Delikatessgemüse geschätzt.
Anbau: Sandige, nährstoffreiche Böden in sonniger Lage mit hoher Luftfeuchtigkeit sind erforderlich. Aus einem Rhizom wachsen im zeitigen Frühjahr bis 6 Laubsprosse, die durch Anhäufeln und Abdecken mit Schwarzfolie bleich gehalten werden. Grünspargel wächst ohne Abdeckung.

Futterrübe, Runkelrübe

Beta vulgaris var. *rapacea*

Aussehen: Die Wildform der Runkelrübe wurde bereits bei der Zuckerrübe (siehe S. 28/29) beschrieben. Futterrüben unterscheiden sich von den weißlichen Zuckerrüben durch die gelbliche oder rötliche Färbung der weit aus dem Boden ragenden Rübe, während die zu einer Rosette zusammenstehenden Blätter der beiden Varietäten kaum auseinanderzuhalten sind. Der unterschiedliche Habitus der beiden Rüben ist dadurch bedingt, dass die Futterrübe im Wesentlichen vom unteren Teil der Sprossachse (dem Hypokotyl) gebildet wird, während es sich bei der Zuckerrübe vor allem um eine unterirdisch wachsende Wurzelrübe handelt.
Herkunft: Die Stammform der Futterrübe ist an den Küsten des Mittelmeers und der Nordsee heimisch. Älteste Hinweise auf eine Nutzung durch den Menschen bereits um 2000 v. Chr. kommen aus Holland. Als Nutzpflanze kultiviert wurde sie aber erst später, zunächst in Südeuropa und Kleinasien, dann (ab dem Mittelalter) auch in Europa.
Nutzung: Die Futterrübe enthält 88 % Wasser und etwa 5 % Zucker. Über viele Jahrhunderte nutzte man sie als Winterfutter für Rinder und Schweine, wobei die Rüben vor dem Verfüttern zerkleinert wurden. Auch die Blätter wurden und werden frisch oder als Silage zum Füttern des Viehs verwendet.
Anbau: Wie alle Rüben benötigt die Futterrübe zu gutem Gedeihen nährstoffreiche, tiefgründige Böden mit guter Wasserversorgung und viel Sonne. Die sehr empfindlichen Samen kommen im Frühjahr in den Boden. Die Ernte beginnt im Oktober.

Ölrettich

Raphanus sativus var. *oleiformis*

Aussehen: Das zweijährige Kraut wird bis 100 cm hoch und bildet verzweigte Stängel, jedoch keine Rübe aus. Ansonsten gilt das beim Gartenrettich (siehe S. 30/31) Gesagte: Die Blüten bilden lockere Trauben, die 4 Kronblätter sind violett oder weiß und dunkel geadert; die Frucht ist eine spitz zulaufende kurze Gliederschote.
Herkunft: Die Geschichte des Ölrettichs verläuft weithin parallel zu der des Gartenrettichs, wobei nicht immer klar ist, ob die heute übliche unterschiedliche Nutzung auch durchgehend so getrennt stattfand.
Nutzung: Ölrettich wird heute vor allem als Gründüngung eingesetzt. Dabei macht man sich seine weitgehende Immunität gegen den Befall mit Rüben-Nematoden (Rundwürmer) zunutze. Die kurze Wachstumsphase der schnellwüchsigen Pflanze verhindert einen vollen Entwicklungszyklus der Parasiten und mindert dadurch die Nematodendichte im Boden. Die Ölgewinnung aus den Samen spielt vor allem in Ostasien als Speise- und Lampenöl eine Rolle.
Anbau: Die Ansprüche an Boden und Klima sind gering. Als Zwischenfrucht wird Ölrettich nach einer Hauptfrucht ausgesät und bereits nach 6–8 Wochen verfüttert bzw. untergepflügt.

Klee

Foto oben links: Rotklee
Foto oben rechts: Weißklee

Trifolium sp.

Aussehen: Als Klee bezeichnet man eine Gruppe von Schmetterlingsblütlern, die in der gemäßigt-subtropischen Zone der Nordhalbkugel rund 300 Arten umfasst. Bedeutsam als Kulturpflanzen sind insbesondere Wiesen- oder Rotklee *(T. pratense)*, Weißklee *(T. repens)* und Schwedenklee *(T. hybridum)*. Rotklee wird bis 40 cm hoch; seine 3-teilig gefiederten Blätter tragen meist einen silbrigen Fleck; die rosaroten (selten weißen) Blüten bilden wie bei vielen Klee-Arten einen kugelförmigen Blütenstand; Frucht ist eine 1-samige Hülse. Weißklee breitet sich durch lange Ausläufer aus; Blätter 3-fiedrig, oft mit hellem Fleck; Blüten weiß bis gelblich, verblüht bräunlich, Kelch 10-nervig; Frucht eine mehrsamige Hülse. Schwedenklee hat anfangs weiße Blüten, die dann rosa und noch später bräunlich werden, Kelch 5-nervig.
Herkunft: Die 3 in Mitteleuropa am häufigsten angebauten Klee-Arten kommen hier auch überall als heimische Wildpflanzen vor. In Rein- oder Mischkultur feldmäßig angebaut wird Klee hierzulande wohl erst seit etwa 300 Jahren
Nutzung: 2 Eigenschaften machen den landwirtschaftlichen Wert der Klee-Arten aus: der hohe Futterwert und die Eigenschaft, mit Hilfe von Knöllchenbakterien Luftstickstoff nutzbar machen zu können und damit von Stickstoffdüngung unabhängig zu sein. Rotklee enthält in seiner Grünmasse 4 % Eiweiß und wird als Frischfutter oder Heu an Rinder verfüttert. Weißklee eignet sich ebenfalls als Mähfutter und verträgt zusätzlich Beweidung gut. Schwedenklee ist anspruchslos, aber weniger ertragreich. Alle Klee-Arten gelten als ausgezeichnete Bienenweide.
Anbau: Meist in Mischkultur mit Gräsern. Die Ansprüche an Boden, Nährstoffe und Klima sind eher gering.

Saatluzerne

Foto unten

Medicago sativa

Aussehen: Mehrjährige, bis 80 cm hohe, buschig verzweigte Staude; Blätter 3-fach gefiedert; Blüten purpurn oder blauviolett in eiförmigen Blütenständen; Früchte gedrehte Hülsen. Die gelb blühende Sichelluzerne *(M. falcata)* wird wegen geringer Erträge nicht angebaut, wegen ihrer Anspruchslosigkeit aber in der Züchtung geschätzt. Ein Kreuzungsprodukt ist die Sand- oder Bastardluzerne *(M. × varia)*. Auch Gelb- oder Hopfenklee *(M. lupulina)* aus der gleichen Gattung wird als anspruchslose, nährstoffreiche Futterpflanze angebaut, meist im Gemisch mit Gräsern.
Herkunft: Stammland ist Zentralasien, von wo die Luzerne aber schon im Altertum nach Europa kam – zuerst nach Griechenland, dann über Spanien nach Mitteleuropa.
Nutzung: Mit 3 % Eiweiß eine wertvolle Futterpflanze für Pferde und Rinder; auch als Gründüngung und Bienenweide geschätzt.
Anbau: Bevorzugt warm-sonnige Plätze auf kalkreichen, gut entwässerten Böden. Wird oft als zweijährige Feldfrucht angebaut, kann aber auch nach Aussaat im Frühjahr bis zu 5-mal geschnitten werden.

Lupine

Lupinus sp.

Foto oben links: Blaue Lupine
Foto oben rechts: Gelbe Lupine

Aussehen: Die Blaue oder Schmalblättrige Lupine *(L. angustifolius)*, die man oft an Straßenböschungen findet, ist wegen ihrer Bitterstoffe als Futter ungeeignet. Als Futterpflanze genutzt werden nur bitterstoffarme Züchtungen, sogenannte Süßlupinen. Dies gilt auch für Weiße Lupine *(L. albus)* und Gelbe Lupine *(L. luteus)*. Charakteristisch für alle Arten sind die 5–9-fach handförmig eingeschnittenen Blätter, die bis 80 cm hohen Blütenstände, die typische Form der Schmetterlingsblüten und die Fähigkeit, mit Knöllchenbakterien Stickstoff zu speichern. Die Früchte sind dicht behaarte, gerade Hülsen mit 4–7 Samen.
Herkunft: Alle Arten stammen aus dem Mittelmeergebiet. In Mitteleuropa waren Lupinen bereits länger als Zierpflanze beliebt, bevor sie auch landwirtschaftlich genutzt wurden.
Nutzung: Neben ihrer Verwendung als Zierpflanzen, Bodenverbesserer (z. B. an Straßenböschungen) und Wildäsung spielt die Nutzung als Futterpflanze erst seit der Züchtung von Süßlupinen Anfang des 20. Jh. eine größere Rolle. Die mit 25 % Fett und 40 % hochwertigem Eiweiß sehr nährstoffreichen Samen werden sogar für die menschliche Ernährung genutzt, sofern sie arm an Alkaloiden sind.
Anbau: Lupinen gedeihen auch auf armen Böden, sofern sie feucht genug sind. Die Aussaat ist bis Juli möglich.
Allgemeines: Neben Klee, Luzerne und Lupine werden weitere Leguminosen zur Bodenverbesserung, als Viehfutter und Bienenweide angebaut, beispielsweise Futterwicke *(Vicia sativa)*, Steinklee *(Melilotus)*, Esparsette *(Onobrychis)*, Serradella *(Ornithopus)* und Hornklee *(Lotus)*.

Phazelie, Büschelschön

Phacelia tanacetifolia

Foto unten

Aussehen: Das einjährige Kraut wird bis 80 cm hoch, ist vielfach verzweigt und stark behaart; die Blätter tragen gekerbte Fiederblättchen; die blauvioletten, 5-teiligen Blüten stehen in dichten, nach außen gerollten Wickeln und fallen durch ihre weit herausragenden violetten Staubblätter auf. Die ganze Pflanze ist dicht behaart.
Herkunft: Die aus Kalifornien stammende Phazelie wurde erst vor etwa 100 Jahren zunächst als Zierpflanze in Europa eingeführt. Sie hat noch alle Eigenschaften einer Wildpflanze, Züchtungen gibt es bisher kaum.
Nutzung: Der feldmäßige Anbau der Phazelie dient vor allem der Honiggewinnung, weshalb man sie auch Bienenfreund nennt. Aber ebenso als Gründüngungspflanze und Zwischenfrucht, die keine Krankheiten anderer Kulturpflanzen überträgt, hat sie sich bewährt. Als Viehfutter ist sie von minderer Qualität.
Anbau: Gegenüber Bodengüte und Klima ist die Phazelie anspruchslos, verträgt allerdings keine niedrigen Temperaturen. Darum wird erst im Mai oder August ausgesät
Allgemeines: Da und dort findet man verwilderte Phazelien, die jedoch unsere Winter in der Regel nicht überstehen.

Lein, Flachs

Linum usitatissimum

Aussehen: 50–80 cm hohes einjähriges Kraut; Blätter schmal lanzettlich, 3-nervig, ganzrandig; Blüten mit 5 hellblauen Kronblättern, Blühzeit Juni–Oktober; Frucht eine rundliche Kapsel mit 8–10 braunen bis goldgelben Samen.
Herkunft: Die Kulturform stammt vermutlich von der mediterranen Wildform *(L. bienne)* ab. Bereits 5000 v. Chr. bauten Sumerer und Ägypter Lein zur Gewinnung von Fasern und Samen an. Auch die europäischen Pfahlbautenbewohner der Jungsteinzeit kultivierten Lein. Im 16. und 17. Jh. war Deutschland ein Zentrum des Leinanbaus und der Leinverarbeitung. Erst tropische Baumwolle und synthetische Fasern verdrängten Flachs und Hanf (siehe unten) weitgehend.
Nutzung: Für die Faserproduktion werden die Pflanzen aus dem Boden gerupft und in Feuchtigkeit dem Vermodern ausgesetzt. Dadurch lösen sich die maximal 60 cm langen Bastfaserbündel voneinander. Durch anschließendes Brechen und Schwingen der Stängel werden die Fasern weiter getrennt und schließlich durch Kämmen (»Hecheln«) gleichgerichtet. Neben der Nutzung der Leinfasern war stets auch das Öl der Samen ein begehrtes Produkt. Es wird vor allem aus dem Öllein *(L. mediterraneum)* gewonnen, der stärker verzweigt ist und dessen Samenkapseln nicht frühzeitig aufspringen. Das durch Pressen gewonnene Leinöl ist ein wertvolles Speiseöl, wird als leicht trocknendes Öl aber auch technisch verwendet.
Anbau: Tiefgründige Böden mit guter Wasserversorgung in warmer, sonniger Lage sind für den Anbau von Kulturlein ideal. Gewöhnlich wird im Frühjahr ausgesät und im Sommer geerntet.

Hanf

Cannabis sativa

Aussehen: 1–3 m hohes einjähriges, getrenntgeschlechtiges Kraut; Stängel 4-kantig, rau behaart, später verholzt; Blätter 3–9-fach handförmig geteilt; Blüten unscheinbar grünlich; Früchte kleine, runde Nüsschen.
Herkunft: Die Wildform ist zwischen Iran und Nordindien beheimatet. In China bereits seit 4000 v. Chr. genutzt, in Mitteleuropa Fasernutzung seit 500 v. Chr., als Heilpflanze seit dem Mittelalter. Importierte Baumwolle und Jute beendeten im 18. Jh. den Hanfanbau. Neue Verarbeitungstechniken brachten Anfang des 20. Jh. wieder einen Aufschwung. In Deutschland kam 1929 das Verbot, Rauschhanf *(C. indica)* anzubauen, 1981 folgte ein völliges Anbauverbot; seit 1996 ist die Kultur von Sorten mit < 0,3 % THC (psychoaktiver Bestandteil) mit Sondergenehmigung wieder erlaubt.
Nutzung: Hauptprodukt sind die Fasern. Nach Trocknung der Pflanzen werden die 15–30 cm langen Fasern durch Knickmaschinen oder »Rösten« von den holzigen Teilen gelöst. Sie bleiben auch bei Nässe reißfest und werden daher gern als Schiffstaue verwendet. Alle Pflanzenteile sind genießbar (und haben Heilwirkung); die Samen dienen zu Speisezwecken und als Vogelfutter.
Anbau: Anspruchslos und konkurrenzstark gegen Unkräuter. Aussaat im April/Mai.

Raps
Brassica napus

Aussehen: 1–2 m hohes, oben ästiges, einjähriges Kraut; untere Blätter fiederspaltig, obere einfach schmal, Basis stängelumfassend; Blüten mit 4 gelben Kronblättern in gestauchten Trauben; die langen, rundlichen Schoten (kleines Foto) enthalten bis zu 20 kleine Samen.
Herkunft: Raps entstand aus einer wahrscheinlich natürlichen Kreuzung von *B. oleracea* (siehe S. 26/27) und *B. rapa*. Ursprünglich wurde er nur als Unkraut betrachtet. Um 1300 n. Chr. begann man in Mitteleuropa, die Samen zur Ölgewinnung zu nutzen. Feldanbau wurde erstmals im 17. Jh. in Holland praktiziert.
Nutzung: Die Samen enthalten 40 % Fett und bis 25 % Eiweiß. Rapsöl wurde anfangs vor allem als Lampenöl verwendet sowie als billiges Speiseöl. Mit der Industrialisierung stieg die Bedeutung von Rapsöl für technische Zwecke. Neuerdings wird es in größerem Umfang als Bio-Diesel eingesetzt. Die Ökobilanz solcher Treibstoffe ist jedoch negativ, und selbst wenn sämtliche Agrarflächen Deutschlands mit Raps bebaut würden, könnten damit nur 5 % des aktuellen Dieselverbrauchs abgedeckt werden. Seit 1963 liefern neue Rapssorten hochwertiges Speiseöl. Die eiweißreichen Presskuchen von Sorten mit geringen Anteilen an bitteren, teils toxischen Senfölen dienen als Kraftfutter.
Anbau: Wintermilde Küstengebiete sind in Mitteleuropa Schwerpunkte des Rapsanbaus. Raps erfordert tiefgründige Böden und energieintensiven Anbau (Mineraldüngung, Schädlingsbekämpfung, Dreschen). Aussaat meist im August, Ernte im Juli.

Sonnenblume
Helianthus annuus

Aussehen: 1–3 m hohe, rauhaarige, einjährige Pflanze; Blätter gestielt, herzförmig; die großen Korbblüten mit gelbbraunen Röhren- und goldgelben Zungenblüten erscheinen zwischen Juli und September; Samen grau mit Streifen oder schwarz.
Herkunft: Eine nordamerikanische Art, die dort schon vor 3000 Jahren von den Indianern kultiviert wurde. Mit den Spaniern gelangte sie nach Europa, wo sie seit dem 17. Jh. auch angebaut wird, seit dem 19. Jh. großflächig in Südrussland, während des Krieges auch in Deutschland.
Nutzung: Die Samen enthalten um 50 % Fett und 25 % Eiweiß. Man gewinnt aus ihnen vor allem ein gelbliches, leicht bitteres Öl, das als Speiseöl und bei der Herstellung von Margarine usw. zum Einsatz kommt. Zuchtformen mit hohem Ölsäuregehalt werden vielfältig industriell genutzt und weiterverarbeitet. Pressrückstände dienen als Viehfutter. Die Kerne werden auch in Backwaren und als Vogelfutter verwendet. In der Landwirtschaft werden die ganzen Pflanzen grün oder siliert verfüttert oder als Gründüngung untergepflügt.
Anbau: Auf nährstoffreichen, sonnig-warmen Standorten gedeihen Sonnenblumen gut. Bei mindestens 8 °C wird im Frühling ausgesät. Zur Samenernte werden die Köpfe abgeschnitten, getrocknet und entkernt.

Klatschmohn

Papaver rhoeas

Aussehen: 30–80 cm. Einjährige, bis 1 m tief wurzelnde, Milchsaft führende Pflanze. Blätter fiederteilig, gezähnt: Blüten (Mai–Juli) bis 8 cm breit; Kelch früh abfallend; je Kapsel etwa 5000 Samen.
Vorkommen: Überall häufig, auf kalkarmen Böden vielfach durch Saat- und Sandmohn ersetzt, die in Süddeutschland aber nur sehr lückig verbreitet sind. Getreidefelder, Schuttplätze, Wegränder, Bahnhöfe.
Ähnliche Arten: Leicht zu verwechseln mit Saatmohn *(P. dubium)* und Sandmohn *(P. argemone)*. Unterschiede sind Blütenform und -farbe, Blattformen sowie Fruchtkapseln mit Zahl der Narbenstrahlen. Der ebenfalls ähnliche Bastardmohn *(P. hybridum)* ist selten und kommt mehr im südlichen Mitteleuropa vor. Der Schlafmohn *(P. somniferum)*, eine Zierpflanze der Gärten, verwildert gelegentlich, ist aber leicht an Größe (bis 150 cm), Blütenfarbe (violett oder weiß) und der großen, kugeligen Fruchtkapsel erkennbar. Opium wird aus dem Milchsaft der unreifen Kapseln gewonnen.

Kornrade

Agrostemma githago

Aussehen: 30–100 cm. Einjährig überwinterndes (winterannuelles), zottigfilzig behaartes Getreideunkraut. Schmal-linealische Blätter gegenständig; die 5-teilige purpurrote Blüte (Juni/Juli) ist 3–5 cm breit; die schmalen Kelchspitzen überragen die Kronblätter weit; die Samen sind stark giftig. Früher waren im Brotmehl bis zu 7 % Kornrade, wodurch es zu Nebennierenschädigungen kam, was wiederum die Anfälligkeit für Lepra erhöht. Durch die moderne Saatgutreinigung ist die Konrade in Mitteleuropa vom Aussterben bedroht.
Vorkommen: Zerstreut ganz Deutschland, in den Alpen bis 1100 m, vielerorts flächenhaft verschwunden. Getreideäcker (Wintergetreide).
Ähnliche Arten: Die Blüten erinnern in Form und Farbe an den Sumpfstorchschnabel *(Geranium palustris)*, der auf feuchten Böden am Rand von Getreidefeldern vorkommen kann. An Wuchs und Blättern sind die beiden Arten jedoch leicht zu unterscheiden.

Ackergauchheil

Anagallis arvensis

Aussehen: 5–10 cm; einjährige Kriech- oder Halbrosettenpflanze. Die teilweise ausgedehnten Teppiche mit den vielen kleinen ziegelroten Blüten (Juni–Okt.) sind unverwechselbar. Blüten nur bis etwa 14 Uhr geöffnet. Giftig.
Vorkommen: Ganz Deutschland, im NW zerstreut; Alpen bis 800 m. Äcker, Gärten, Weinberge, Schuttplätze, Mauerfüße, Weg- und Straßenränder.
Ähnliche Arten: Der eher seltene, auf wärmere Gegenden beschränkte Blaue Gauchheil *(A. foemina)* hat tiefviolettblaue Blüten. Er wächst bevorzugt in Getreidefeldern.

Knollenplatterbse

Foto oben links

Lathyrus tuberosus

Aussehen: Ausdauernde Pflanze mit (genießbaren) Wurzelknollen, niederliegend oder kletternd bis 100 cm. Stängel kantig. Blätter mit nur 1 Paar Fiederblättchen, 2 halbpfeilförmigen Nebenblättern und gegabelter Endranke; Blüten (Juni–Aug.) karminrot und duftend, zu 3–4 an langen Stielen; Frucht ist eine 3-samige, abstehende Schote.
Vorkommen: Fast ganz Europa. Kulturbegleiter auf eher trockenen, sommerwarmen, nährstoff- und basenreichen Böden. Fehlt im nördlichen Tiefland, in Silikatgebirgen und Alpen weitgehend. Ziemlich selten in Getreidefeldern, vor allem in Winterweizen, auch an Wegen und Hecken.
Ähnliche Arten: Die sitzenden Blüten der Futterwicke *(Vicia sativa)* sind in Form und Farbe ähnlich, ihre Blätter aber vielfiedrig. Die Futter- oder Saatwicke wird verstreut in Futtermischungen angebaut und verwildert auch gelegentlich.

Ackerwinde

Foto oben rechts

Convolvulus arvensis

Aussehen: Ausdauernde, am Boden ausgebreitete oder windend kletternde Pflanze, bis 80 cm lang und bis 2 m tief wurzelnd. Blätter pfeilförmig, kurz gestielt; Blüten (Juni–Sept.) trichterförmig, rosa bis weißlich, nur 1 Tag und bei Sonne geöffnet; am Blütenstiel 1 Paar fadenförmige Hochblätter.
Vorkommen: Weltweit in warm-gemäßigten Zonen verbreitet; im Bergland bis 900 m. Äcker, Gärten Weinberge, Schuttplätze.
Ähnliche Arten: Die Zaunwinde *(Calystegia sepium)* wird bis 3 m lang, hat breit herzförmige Blätter und weiße Blüten. Besonders auffallend sind 2 herzförmige, meist gelblich-rötlich gefärbte Vorblätter, die den Kelch umhüllen. Die Blüten der nur in lockeren Weißdünen der Nordsee lebenden Strandwinde *(C. soldanella)* sind ebenfalls rosa, ihre Blätter aber nierenförmig und fleischig. Gelegentlich verwildert aus Gärten die Schöne Zaunwinde *(C. pulchra)*, deren Blüten rosa und weiß gestreift sind.

Schlitzblättriger Storchschnabel

Foto unten

Geranium dissectum

Aussehen: Bis 50 cm hoch. Stängel abstehend behaart und meist rot; Blätter handförmig bis zum Grund geteilt, Blattabschnitte fiederteilig mit schmalen Zipfeln; rosa Blüten (Mai–Sept.) paarweise auf einem Stiel, der kürzer ist als das Tragblatt (siehe unten Taubenstorchschnabel); Schleuderfrucht mit nur kurzem »Schnabel«.
Vorkommen: In ganz Europa verbreitet, im Gebirge bis 1000 m, im nördlichen Tiefland selten. Häufig in Hackfruchtäckern (Kartoffeln, Rüben usw.) und Gärten, seltener in Getreide; auch an Wegen und in Schuttunkrautfluren.
Ähnliche Arten: Viele der rund 16 Storchschnabel-Arten sehen sich ähnlich. Dem Schlitzblättrigen besonders ähnlich ist der Taubenstorchschnabel *(G. columbinum)*, der sich durch längere Blütenstandsstiele (bzw. kürzere Tragblätter) und anliegende Stängelbehaarung unterscheidet. Er kommt verstreut in Unkrautfluren vor.

Stechender Hohlzahn

Foto oben links

Galeopsis tetrahit

Aussehen: 10–70 cm hoch und bis 60 cm tief wurzelnd. Die spatelförmigen Blätter stehen kreuzgegenständig am 4-kantigen, einfach verzweigten, kurzborstig behaarten, an den Knoten verdickten Stängel. Die Blüten (Juni–Okt.) sind rot oder weiß, der quadratische Mittellappen der Unterlippe ist oft gefleckt; 2 hohle Höcker auf der Unterlippe gaben der Gattung den Namen. Dornige Kelchzähne dienen der Samenverbreitung, indem sie sich im Fell von Tieren verhaken. Die Art ging als natürliche Kreuzung aus Weichem Hohlzahn *(G. pubescens)* und Buntem Hohlzahn *(G. speciosa)* hervor. Sie ist ein alter Kulturbegleiter. Die verschiedenen Hohlzahn-Arten werden in der Volksheilkunde gegen Lungenleiden verwendet. Man sollte von ihnen aber »keine Wunder erwarten«, heißt es in einschlägiger Literatur.
Vorkommen: Ganz Deutschland, in den Alpen bis 1560 m. Äcker, Wege und Zäune, Schuttplätze und Waldschläge, auch auf Torf.
Ähnliche Arten: Von den 7 heimischen Hohlzahn-Arten sind 3 weitere an den Stängelknoten verdickt und borstig behaart. Recht ähnlich zeigen sich Ackerhohlzahn *(G. ladanum)*, Schmalblättriger *(G. angustifolia)* und Kleinblütiger Hohlzahn *(G. bifida)*. Die verschiedenen Hohlzahn-Arten sind oft nicht leicht zu unterscheiden.

Ackerkratzdistel

Foto oben rechts

Cirsium arvense

Aussehen: Ausdauerndes Kraut, 60–120 cm hoch und bis 280 cm tief wurzelnd. Mehrfach verzweigter Stängel nicht dornig geflügelt, Blätter schmal lanzettlich, buchtig gezähnt oder fiederspaltig mit Randdornen. Blütenköpfe (Juli–Sept.) 1,5–3 cm lang, Hülle dunkelviolett, spinnwebig behaart, Einzelblüten 5-teilig und lila.
Vorkommen: Ganz Deutschland, in den Alpen bis 1350 m. Äcker, Wege, Schuttplätze, Bahnanlagen, Waldschläge, Ufer.
Ähnliche Arten: Die ähnliche Bachkratzdistel *(C. rivulare)* wächst an Gewässern und kommt nur in Süddeutschland vor.

Rote Taubnessel

Foto unten

Lamium purpureum

Aussehen: 10–50 cm. Die herzförmigen, oft purpur überhauchten Blätter (!) stehen kreuzgegenständig am 4-kantigen, unverzweigten, kahlen Stängel. Die hellpurpurroten Blüten (März–Okt.) mit gerader Blütenröhre und kurzer Lippe sitzen in stachelspitzigen Kelchen.
Vorkommen: Ganz Deutschland, in den Alpen bis 1500 m. Lückige Unkrautgesellschaften der Äcker, Gärten, Weinberge, Schuttplätze und Wege.
Ähnliche Arten: Gefleckte *(L. maculatum)* und Stängelumfassende Taubnessel *(L. amplexicaule)*; *L. maculatum* bevorzugt Wald- und Heckenränder, *L. amplexicaule* Gärten und Weinbergen. In der Pflanzenheilkunde wird nur die Weiße Taubnessel *(L. album)* als Mittel gegen Frauenleiden geschätzt.

Feldrittersporn

Consolida regalis

Aussehen: Wenig verzweigte, einjährige Pflanze, bis 50 cm hoch und bis 50 cm tief wurzelnd. Blätter 1- bis mehrfach in 3-fädige Zipfel zerteilt; dunkelblaue Blüten (Mai–Aug.) mit langem Sporn in sparrigem, 3–7-blütigem Blütenstand.
Vorkommen: Wie so viele Getreideunkräuter ist auch der Feldrittersporn selten geworden und fehlt im Norden Deutschlands fast völlig und südlich der Donau weitgehend. Er gilt in Deutschland als gefährdet. Warme, kalkhaltige Standorte tieferer Lagen sind seine bevorzugten Standorte. Getreidefelder, gelegentlich auch an Wegen und Schuttplätzen.
Ähnliche Arten: Mit dem bekannten, viel stattlicheren Gartenrittersporn *(C. ajacis)* kaum zu verwechseln.

Ackervergissmeinnicht

Myosotis arvensis

Aussehen: Einjähriges, bis 30 cm hohes Kraut. Stängel und spatelförmige Blätter behaart. Blüte (Apr.–Okt.) mit 5 blauen (auch gelblichen) Kronblättern, Blütensaum etwas trichterförmig, Kelchhaare abstehend und oft vorn hakig; Fruchtstiele 2–3-mal länger als Kelch und gerade abstehend, Kelch nach Verblühen geschlossen.
Vorkommen: Häufig vor allem in Getreidefeldern, auch auf Waldschlägen oder Schuttplätzen.
Ähnliche Arten: Die rund 15 verschiedenen heimischen Vergissmeinnicht-Arten sind schwer zu unterscheiden. Besondere Bedeutung haben Art und Stärke der Behaarung sowie die Frage, ob der Kelch nach dem Abblühen offen oder geschlossen ist. Eine wichtige Entscheidungshilfe bildet auch der Standort: Auf Äckern ist unsere Art weitgehend konkurrenzlos.

Glanz-Ehrenpreis

Veronica polita

Aussehen: Kaum über 15 cm lange, einjährige Kräuter. Stängel niederliegend bis aufsteigend; Blätter gekerbt, fast kahl, etwas glänzend, nach oben kaum kleiner werdend; die Blüten mit tiefblauem Oberlappen und hellblauem Unterlappen (März–Sept.) stehen einzeln in den Blattachseln; Kelchzipfel breit-eiförmig.
Vorkommen: In lückigen Unkrautfluren der Äcker, auch in Weinbergen und Gärten.
Ähnliche Arten: Viele (7–9) der rund 35 bei uns vorkommenden Ehrenpreis-Arten kommen vorwiegend oder auch auf Äckern vor, so der Persische E. *(V. persica)* mit lang gestielten, himmelblauen Blüten, der Faden-E. *(V. filiformis)* mit fadendünnem Stängel, der azurblaue Feld-E. *(V. arvensis)*, der selterene, aber ebenfalls weit verbreitete Acker-E. *(V. agrestis)* mit weißen, blau geaderten Blüten, der Dreiteilige E. *(V. triphyllos)* mit tief eingeschnittenen Blättern und der Efeu-E. *(V. hederifolia)* mit 3-lappigen Blättern. Weitere Unterscheidungsmerkmale sind Form und Behaarung der Früchte.

Frauenspiegel
Legousia speculum-veneris

Aussehen: Ein kaum über 20 cm langes, einjähriges Kraut. Stängel spreizend-ästig; Blätter rau, schwach gewellt, eiförmig oder länglich; Blüten (Juni–Aug.) mit dunkelvioletten Kronblättern und gelbem Schlund, 15–20 mm breit.
Vorkommen: Eine mediterrane Art, vor allem im südlichen Mitteleuropa verbreitet, allerdings vielerorts auch wieder verschwunden. Sommerwarme, kalkhaltige Böden werden bevorzugt. Fast ausschließlich in Getreidefeldern. Die Art gilt in Deutschland als gefährdet.
Ähnliche Arten: Der zu den Glockenblumengewächsen zählende Echte Frauenspiegel hat einen bei uns noch seltener vorkommenden nahen Verwandten, den Kleinblütigen Frauenspiegel *(L. hybrida)*, dessen purpurne bis violette Kronblätter deutlich kleiner sind. Diese Art gilt in Deutschland als stark gefährdet.

Wegwarte
Cichorium intybus

Aussehen: Bis 120 cm hohes, sparrig-ästiges, ausdauerndes Kraut. Grundblätter löwenzahnähnlich, unterseits borsig behaart, Stängelblätter klein, lanzettlich, halbstängelumfassend; blaue Blütenköpfe (Juli–Okt.) 3–5 cm breit.
Vorkommen: An Wegrändern und Schuttstellen, auch in Äckern und Weiden (Trittgesellschaften). Salzertragende Pionierpflanze auf humosen Lehmböden; lichtliebender Tiefwurzler.
Ähnliche Arten: Im blühenden Zustand kaum zu verwechseln, da blaue Korbblütler sonst kaum bei uns vorkommen. Die winterliche Blattrosette kann mit Löwenzahn verwechselt werden. Die Wegwarte ist Ausgangsform für die Wurzel-Zichorie, deren geröstete Wurzeln als Kaffee-Ersatz verwendet werden, und des Chicorées. Zur gleichen Gattung gehört die Endivie *(C. endivia)*, die als Salatpflanze (Winter-Endivie) kultiviert wird und manchmal verwildert.

Kornblume
Centaurea cyanus

Aussehen: Ein einjähriges oder winterannuelles, ausladend verzweigtes, bis 80 cm hohes, bis 60 cm tief wurzelndes Kraut. Stängel und Blätter weißfilzig behaart; die teilweise fiederspaltigen Blätter sind nur 2–5 mm breit; die Blütenstände (Korbblüten) bestehen aus großen blauen Randblüten und violetten Scheibenblüten (Juni–Okt.).
Vorkommen: Weit verbreitet, aber seltener werdend, im Bergland bis 1000 m. In Getreidefeldern, auch an Schuttplätzen. Kulturbegleiter seit der jüngeren Steinzeit.
Ähnliche Arten: Nah verwandt und im Habitus ähnlich sind die verschiedenen Flockenblumen, allen voran die weit verbreitete und noch ziemlich häufige Wiesenflockenblume *(C. jacea)*, deren Korbblüten aber nicht blau, sondern rotviolett und deren Blätter deutlich breiter sind.

Ackersenf

Sinapis arvensis

Aussehen: Das einjährige, ästige Kraut wird bis 60 cm hoch und wurzelt bis über 1 m tief. Die Blätter, besonders die unteren, sind buchtig gezähnt und rauhaarig; die 4 schwefelgelben Kronblätter (Juni–Okt.) erreichen 8–12 mm; die schmalen Schoten werden bis 4 cm lang, tragen am Ende einen 10–15 mm langen Schnabel und enthalten schwarze Samen.
Vorkommen: Von der Ebene bis ins Gebirge verbreitet, in den Alpen bis über 1200 m. Äcker, vor allem Sommergetreide, Brachflächen, Wegränder und Schuttplätze sind die bevorzugten Standorte.
Ähnliche Arten: In der Feldflur findet man viele gelb blühende Kreuzblütler, die oft nicht leicht zu unterscheiden sind. Sehr ähnlich ist der häufig als Gründüngung angebaute, hellgelb blühende Weiße Senf *(S. alba)*. Der ähnliche Raps (siehe S. 40/41) unterscheidet sich u. a. durch die Blätter.

Kriechendes Fingerkraut

Potentilla reptans

Aussehen: Ausdauernde Pflanze mit bis 1 m langen, kriechenden Ausläufern, die an den Knoten wurzeln. Die Blätter sind alle lang gestielt, 5–7-zählig gefingert und grob gesägt. 5-teilige goldgelbe Blüten (Juni–Aug.).
Vorkommen: Weit verbreitet bis in mittlere Gebirgslagen, in Äckern an Wegen und Ufern, auch in lückigen Wiesen.
Ähnliche Arten: Das ebenfalls häufige und an ähnlichen Standorten wachsende Gänsefingerkraut *(P. anserina)* hat keine handförmigen, sondern lange, vielfiedrige Blätter, die unterseits silbrig glänzen. Dieses Kraut gilt in der Volksmedizin als wertvolles Heilmittel bei Magen- und Darmbeschwerden.

Saatwucherblume

Chrysanthemum segetum

Aussehen: Das mit der Margerite nah verwandte einjährige Kraut wird bis 50 cm hoch. Die spateligen Blätter sind grob gezähnt und umgreifen an ihrer Basis den Stängel halb. Prächtig sind die großen gelben Korbblüten (Mai–Okt.).
Vorkommen: Selten und unbeständig auf Hackfruchtäckern und an Schuttplätzen. Bevorzugt werden nährstoffreiche, humose, kalkarme Böden in wintermildem Klima.
Ähnliche Arten: Korbblütler mit gelben Zungenblüten sind als Begleiter von Feldfrüchten eine Ausnahme. Allenfalls kann es an solchen Standorten zu Verwechslungen mit der gelegentlich aus Gärten verwilderten Goldblume *(Ch. coronarium)* oder der hellgelben Ackerringelblume *(Calendula arvensis)* kommen, die der bekannten orange oder goldgelb blühenden Gartenringelblume *(C. officinalis)* ähnlich sieht und manchmal gesellig in Weinbergen oder auch Äckern auftritt. Weniger auf Äckern als in feuchten Wiesen und Rainen blüht das Jakobsgreiskraut *(Senecio jacobaea)* mit ebenfalls gelben Korbblüten.

Gewöhnliches Greiskraut

Foto oben

Senecio vulgaris

Aussehen: Bis 30 cm hohes einjähriges Kraut. Blätter lappig bis fiederteilig, gezähnt und etwas fleischig; den Blütenköpfen (Febr.–Nov.) fehlen meist die Strahlenblüten; der »Kelch« besteht aus 21 spitzen Hüllblättern und 8–12 kleineren Außenhüllblättern mit schwarzen Spitzen.
Vorkommen: Diese mediterran-eurasische Art ist heute weltweit verbreitet, in den Alpen findet man sie bis über 1800 m. Sie zeigt frische, nährstoffreiche, humose, lockere Böden an. Man trifft sie in Äckern und Gärten, auch in Waldschlägen sowie an Wegen und Schuttplätzen.
Ähnliche Arten: Die Gattung *Senecio* ist sehr formenreich, und viele Arten sind schwer zu unterscheiden. Alle über 20 heimischen Arten blühen gelb und tragen entsprechend auffällige Zungenblüten. Nur das Waldgreiskraut *(S. sylvaticus)* verzichtet wie das Gewöhnliche Greiskraut auf den Schmuck der sterilen Randblüten.

Rainkohl

Foto unten links

Lapsana communis

Aussehen: Bis 120 cm hohes, einjähriges bis ausdauerndes Kraut. Der verzweigte Stängel teilt sich in viele Blütenstandsstiele, an deren Enden die kleinen blassgelben Korbblüten (Juni–Sept.) mit ihren auffällig gekielten Hüllblättern sitzen. Diese Hüllen umschließen später auch die 4 Samen wie eine Art Kapsel und bieten noch im trockenen Zustand ein filigranes Bild. Die dreieckig-eiförmigen Blätter sind buchtig gezähnt und verdorren bald.
Vorkommen: Äcker und Gärten, auch halbschattige Standorte an Hecken und in Wäldern.
Ähnliche Arten: Die Zahl der gelb blühenden Korbblütler in der Feldflur ist groß. Im Habitus besonders ähnlich ist etwa das Gewöhnliche Bitterkraut *(Picris hieracioides)*, das aber eher selten auf Äckern zu finden ist. Auch der Löwenzahnpippau *(Crepis taraxacifolia)* kann mit dem Rainkohl verwechselt werden, hat es als zweijährige Pflanze auf Äckern aber schwer.

Gewöhnliche Gänsedistel

Foto unten rechts

Sonchus oleraceus

Aussehen: Eine etwas fleischig-brüchig anmutende, 80–100 cm hoch werdende einjährige Pflanze mit oft rötlichem Stängel. Die gelben Korbblüten (Juni–Okt.) stehen doldig mit unterschiedlich langen Blütenstandsstielen beisammen. Die Samen bilden (wie beim Löwenzahn) einen Schirm aus, der ihre Verbreitung durch den Wind unterstützt.
Vorkommen: Eine heute weltweit verschleppte Art, die vor allem in Hackfruchtäckern (Kartoffeln, Möhren) und Gärten sowie an Schuttplätzen auf nährstoffreichen, humosen Böden zu finden ist.
Ähnliche Arten: Aus der gleichen Gattung und an ähnlichen Standorten kommen 2 recht ähnliche Arten vor: die Ackergänsedistel *(S. arvensis)* und die Raue Gänsedistel *(S. asper)*; sie unterscheiden sich besonders in Details der Blätter und Früchten.

Hederich, Ackerrettich

Foto oben

Raphanus raphanistrum

Aussehen: Einjährige, bis 80 cm hohe, rauhaarige Pflanze, die wie der Ackersenf bis 1 m tief wurzelt. Die unteren Blätter sind in schmale Fiederlappen und 1 großen Endlappen gegliedert; aus den weißen oder blassgelben, meist violett geaderten Blüten (Mai–Sept.) gehen perlschnurartige Schoten hervor, die einen langen, samenlosen Schnabel tragen.
Vorkommen: Von der Ebene bis ins Gebirge (über 1500 m) verbreitet. Äcker, besonders Getreidefelder, Schuttplätze. Alter Kulturbegleiter, der auch als Salat genießbar und als Bienenweide wertvoll ist.
Ähnliche Arten: Andere weiß oder hellgelb blühende Kreuzblütler gibt es viele im Acker. Das reicht vom Lauchkraut *(Alliaria petiolata)*, das man auch Lauchhederich nennt, bis hin zum gelb blühenden Rapsdotter *(Rapistrum rugosum)*, der aber kleine kugelige Schötchen bildet. Bei anderen in Habitus und Blüte ähnlichen Arten schließt schon ein Blick auf die Blattformen Verwechslungen aus.

Ackerhellerkraut

Foto unten links

Thlaspi arvense

Aussehen: Der kantige Stängel wird bis 40 cm hoch. Die Blätter umfassen mit ihrem Grund den Stängel und riechen beim Zerreiben lauchartig. Die kleinen weißen Blüten (April–Sept.) bilden endständige Trauben. Aus ihnen entstehen kreisrund geflügelte, flache Schötchen (Name!).
Vorkommen: Vor allem auf Hackfruchtäckern (Kartoffeln, Gemüse), seltener in Getreide. Kulturbegleiter seit der jüngeren Steinzeit.
Ähnliche Arten: Kreuzblütler mit kleinen weißen Blüten gibt es viele, ähnlich geformte Früchte sind aber eher selten. Das Durchwachsenblättrige Hellerkraut *(T. perfoliatum)* hat kleinere Blätter und kleinere Schötchen und wächst eher in lückigen Kalkmagerrasen, gelegentlich aber auch in Äckern und Weingärten. Das südosteuropäische, sehr ähnliche Lauchhellerkraut *(T. alliaceum)* ist bei uns sehr selten.

Hirtentäschel

Foto unten rechts

Capsella bursa-pastoris

Aussehen: Dieses bekannte einjährige Kraut kann 30 cm und höher werden und fast 1 m tief wurzeln. Es steht der vorigen Art verwandtschaftlich nahe und hat entsprechend ähnliche kleine, weiße, 4-teilige Blüten (März–Okt.). Charakteristisch und namensgebend sind die herzförmigen Früchte, deren kleine Samen durch den Wind verbreitet werden.
Vorkommen: Äcker und Gärten werden bevorzugt besiedelt, aber auch Schuttplätze und Wegränder. Im Gebirge findet man das Kraut noch in Höhen über 2000 m.
Ähnliche Arten: Ähnliche Blüten und Früchte an ähnlichen Standorten hat noch das oben erwähnte Durchwachsenblättrige Hellerkraut. In der Pflanzenheilkunde gilt Hirtentäschel (wenn auch nicht unumstritten) als Mittel gegen Blutungen.

Wilde Möhre

Daucus carota

Aussehen: Bis 100 cm hohes, zweijähriges Doldengewächs mit dicker, weißer, nach Möhren riechender Wurzel; die Blätter sind 2–3-fach gefiedert und behaart; die aus zahlreichen weißen Einzelblüten bestehenden Dolden (Juni–Sept.) sind flach oder gewölbt, zur Reife nestförmig eingesenkt und von den gefiederten Hochblättern umhüllt; während die weißen Randblüten strahlig vergrößert sind, treten im Zentrum oft verkümmerte dunkelrote Blütchen auf.
Vorkommen: Wiesen und ruderale Pioniergesellschaften, Weg- und Feldränder.
Ähnliche Arten: Die Zahl der weißen Doldengewächse ist in unserer Flora verwirrend groß. Bei vielen Gruppen ist schon Spezialwissen erforderlich, um die Arten unterscheiden zu können. Für die Wilde Möhre sprechen aber mindestens 3 leicht einprägsame Merkmale: die Körbchenform der Dolde in der Reife, die dunkelrote Doldenmitte (die aber auch fehlen kann) und der Möhrengeruch der Wurzel (vgl. auch S. 30/31).

Hundskamille

Anthemis arvensis

Aussehen: Einjährige, bis 50 cm hohe, oft stark verästelte Pflanze, kahl bis spärlich weich behaart. Blätter fein gegliedert (doppelt fiederschnittig); die Korbblüten setzen sich aus zahlreichen (sterilen) weißen Zungenblüten und vielen gelben Röhrenblüten zusammen, die auf einem kegelförmigen Blütenkopfboden stehen; die Samen sind stumpf 4-kantig und gefurcht. Der Pflanze fehlt der typische Kamillengeruch.
Vorkommen: Vor allem in Getreidefeldern sowie an Wegen und Schuttplätzen.
Ähnliche Arten: Recht ähnlich, aber viel seltener sind die Österreichische Hundskamille *(A. austriaca)* u. a. Vertreter der Gattung (siehe auch folgende Art). Eine genaue Unterscheidung ist oft nur nach Blütendetails möglich.

Echte Kamille

Chamomilla recutita (Matricaria chamomilla)

Aussehen: Die einjährige Pflanze wird bis 40 cm hoch. Ihre Blätter sind noch feiner gegliedert als die der vorigen Art; Blüten (Mai–Juli) mit hoch aufgewölbtem, innen hohlem Blütenkopfboden und bald herabgeschlagenen weißen Zungenblüten. Die ganze Pflanze duftet aromatisch.
Vorkommen: Eine aus NO-Asien stammende, heute weltweit verbreitete Art, die bei uns in Getreidefeldern und an Schuttplätzen wächst, jedoch vielerorts zurückgeht.
Ähnliche Arten: Die verschiedenen Kamillen sind schwer zu unterscheiden. In Aussehen und Vorkommen besonders ähnlich sind die Geruchlose Kamille *(M. maritima* oder *inodora)* und die Stinkhundskamille *(Anthemis cotula)*, die sich nicht nur durch ihren flacheren Blütenkopfboden, sondern vor allem durch den Geruch abheben.

Weißer Gänsefuß

Foto oben links

Chenopodium album

Aussehen: Bis über 1 m hohe und ebenso tief wurzelnde einjährige Pflanze. Stängel grünstreifig und oft rot überlaufen; Blätter sehr vielgestaltig, von breit und gezackt bis lanzettlich spitz, beiderseits mehlig bestäubt; kleine, weißlich grüne Blüten (Juli–Sept.) in dichten Knäueln, die einen pyramidenförmigen Blütenstand bilden.
Vorkommen: In Äckern und Gärten, als Erstbesiedler auf Schuttplätzen, an Wegen und auch an Ufern und auf Waldschlägen. Ein alter Kulturbegleiter, der früher auch als Gemüse genutzt wurde.
Ähnliche Arten: Die mit dem Spinat verwandten rund 20 in Mitteleuropa beheimateten Gänsefuß-Arten sehen sich z. T. recht ähnlich. Ein wichtiges Unterscheidungsmerkmal sind Größe und Gestalt der Samen. Als Gemüse sehr begehrt und seit der Steinzeit als Kulturbegleiter bekannt ist der Gute Heinrich *(Ch. bonus-henricus)*, der heute jedoch vielfach der Ordnung und Sauberkeit der Höfe und Siedlungen gewichen ist.

Krauser Ampfer

Foto oben rechts

Rumex crispus

Aussehen: Das ausdauernde Kraut wird bis über 1 m hoch, seine kräftigen Wurzeln dringen bis zu 3 m tief in den Boden. Die bis 30 cm langen Blätter sind länglich lanzettförmig und am Rand wellig; die kleinen grünlichen Blüten (Juni–Aug.) stehen dicht in unbeblätterten Quirlen; die Früchte bilden einen braunroten Fruchtstand.
Vorkommen: Auf Äckern, an Gräben und Ufern, auch auf Weiden und Wiesen. Häufig an Zäunen, Wegen und Schuttplätzen, gern auch im Siedlungsbereich. Da das Vieh den Ampfer meidet, gilt er als Weideunkraut. Seine Bekämpfung ist jedoch schwierig, da die tief reichenden Wurzeln immer wieder neu austreiben.
Ähnliche Arten: Von den rund 20 heimischen Ampfer-Arten (darunter der bekannte Wiesensauerampfer, *R. acetosa)* sehen sich viele sehr ähnlich. In Wiesen und Weiden noch häufiger als der Krause Ampfer ist der Stumpfblättrige Ampfer *(R. obtusifolius)* mit großen, am Grund herzförmigen Blättern.

Strahlenlose Kamille

Foto unten

Chamomilla (Matricaria) suaveolens

Aussehen: Eine meist nur 20 cm hoch werdende, ziemlich verästelte einjährige Pflanze. Blätter fein gegliedert; Blütenköpfe (Mai–Aug.) kegelförmig gelbgrün, ohne Zungenblüten. Die ganze Pflanze riecht stark nach Kamille.
Vorkommen: Eine aus NO-Asien stammende Art, die in Europa seit etwa 1850 zum weit verbreiteten Kulturbegleiter geworden ist. Man findet sie in Äckern und im Trittrasen, vor allem bei und in Siedlungen.
Ähnliche Arten: In der Kombination von strahlenlosen Blüten und starkem Kamillengeruch ist die Pflanze bei uns einzigartig.

Stichwortverzeichnis

Literatur

BECKER, K. UND JOHN, S. (2000): Farbatlas Nutzpflanzen in Mitteleuropa. Verlag E. Ulmer, Stuttgart.

GEISLER, G. (1991): Farbatlas landwirtschaftliche Kulturpflanzen. Verlag E. Ulmer, Stuttgart.

OBERDORFER, E. (2001): Pflanzensoziologische Exkursionsflora. Verlag E. Ulmer, Stuttgart.

SCHAUER, T. UND CASPARI, C. (2016): Der illustrierte BLV Pflanzenführer für unterwegs. BLV Buchverlag, München.

SCHMEIL, O. UND FITSCHEN, J. (2006): Flora von Deutschland und angrenzender Länder. Quelle & Meyer, Wiebelsheim.

Bibliographische Information der Deutschen Nationalbibliothek

Die Deutsche Nationalbibliothek verzeichnet diese Publikation in der Deutschen Nationalbibliografie; detaillierte bibliografische Daten sind im Internet über http://dnb.d-nb.de abrufbar.

2., überarbeitete Auflage
(Neuausgabe des Titels »Das wächst auf unseren Feldern«

BLV Buchverlag GmbH & Co. KG
80636 München

Bildnachweis

Borstell: 31o
Lohmann: 15or, 21ol, 33u, 35ol, 35or, 37ol, 39o, 41/Einkl., 49u, 51m, 51u, 55ul, 55ur, 61or, 61u
Pforr: 11ol, 11or, 13m, 13u, 15ol, 15u, 17/Einkl., 19u, 21or, 21ul, 23ol, 23ur, 29o, 31u, 33o, 37u, 51o, 53m, 57ul
Reinhard: 1, 2/3, 7, 9, 11u, 13o, 17, 19o, 21ur, 23or, 23ul, 25u, 27o, 27ul, 27ur, 29u, 31m, 39u, 41o, 47u, 57o, 57ur
Seidl: 37or, 45ol, 45u, 47ol, 49m, 55o, 59o
Willner: 41u, 43m, 45or, 49o, 53u, 59u
Wothe: 25o, 47or, 53o, 61ol
Zeininger: 35u, 43o, 43u, 59m

Umschlagkonzeption und -gestaltung: BLV Buchverlag
Umschlagfotos: Shutterstock (vorne), Lohmann (hinten links), Pforr (hinten rechts)

Lektorat: Dr. Friedrich Kögel, Dr. Eva Dempewolf
Herstellung: Hermann Maxant
Layout: Kathrin Michel, München

Gedruckt auf chlorfrei gebleichtem Papier

Printed in Germany
ISBN 978-3-8354-1769-4

www.facebook.com/blvVerlag